Juergen Erbeldinger
Thomas Ramge

Durch die Decke denken

Design Thinking in der Praxis

REDLINE | VERLAG

Für Fragen und Anregungen:
info@redline-verlag.de

3. Auflage 2015

© 2013 by Redline Verlag, ein Imprint der
Münchner Verlagsgruppe GmbH,

Nymphenburger Straße 86
D-80636 München
Tel.: 089 651285-0
Fax: 089 652096

Bibliografische Information der
Deutschen Nationalbibliothek

Die Deutsche Nationalbibliothek
verzeichnet diese Publikation in
der Deutschen Nationalbibliografie.
Detaillierte bibliografische Daten
sind im Internet über
http://dnb.d-nb.de abrufbar.

Redaktion: Desirée Simeg, Gersthofen

Gestaltung & Satz: Erik Spiekermann

Illustrationen: Paul Woods

Druck: CPI books GmbH, Leck

Printed in Germany

ISBN Print 978-3-86881-479-8

ISBN E-Book (PDF) 978-3-86414-382-3

ISBN E-Book (EPUB, Mobi) 978-3-86414-413-4

Weitere Informationen zum
Verlag finden Sie unter
www.redline-verlag.de
Beachten Sie auch unsere
weiteren Verlage unter
www.muenchner-verlagsgruppe.de

Inhalt

Die Toolbox

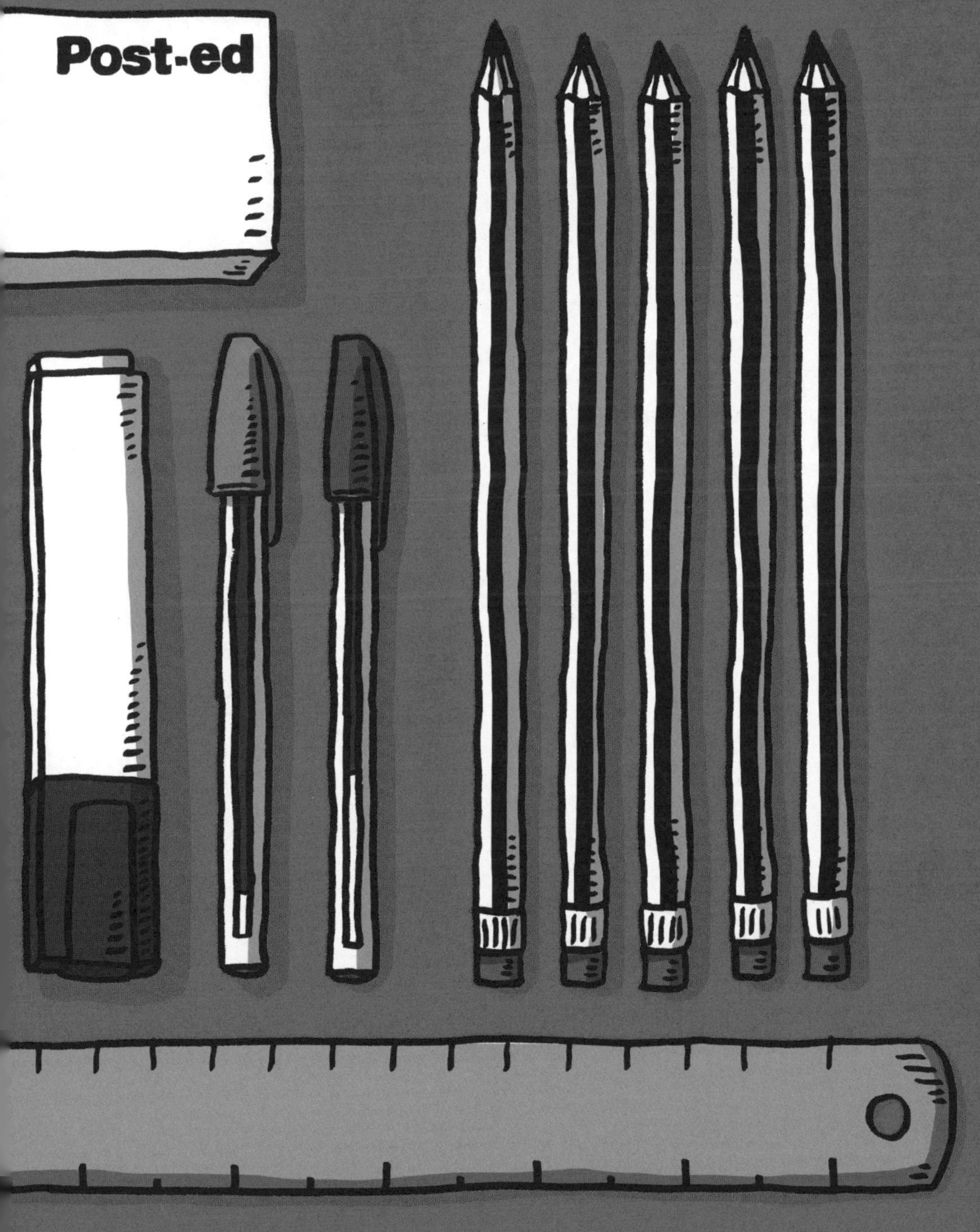
Post-ed

Warm-up –
Durch die Decke denken

ER SPRINGT WIE »ein Kamel auf zwei Beinen«. Wie ein Mann, »der aus dem dreißigsten Stock eines Hochhauses geschubst wird«. Die US-amerikanischen Sportreporter waren in ihren spöttischen Beschreibungen ziemlich kreativ, als ein junger Hochsprung-Athlet der Ohio State University sich 1968 überraschend für die Olympischen Spiele in Mexiko qualifizierte. Dick Fosbury kannte die Sache mit dem Spott schon. Bereits in seiner Highschool hatte er unter den Leichtathleten bestenfalls als Mittelmaß gegolten. Die konventionelle »Straddle«-Technik – im Wälzer bäuchlings über die Latte – lag ihm nicht. Also veränderte er das Spiel. Als erster Hochspringer lief er in einer seitlichen Kurve auf die Hochsprunganlage zu, drehte sich beim Absprung rückwärts zur Matte und schraubte sich in die Höhe. »Unorthodox« war noch die freundlichste Vokabel, mit der seine Sprungtechnik anfangs bedacht wurde. Bis zu seinem olympischen Rekord in Mexiko-Stadt. Fortan hieß die neue Wunderwaffe des Hochsprungs »Fosbury Flop«. Bei den Olympischen Spielen 1972 in München gewann die 16-jährige Ulrike Meyfarth im Fosbury-Sprung die Goldmedaille. Bei den Herren siegten die »Straddler«-Springer in München noch ein letztes Mal. Dann verschwanden sie vom Markt.

In der Rückschau betrachtet scheint die Mit-dem-Bauch-über-die-Latte-Technik heute so abstrus und ungelenk wie zuvor der Rückwärtssprung des Außenseiters. Und die technische Disruption in einer populären Leichtathletikdisziplin ist eine wunderbare Parabel auf die Kernfrage der Innovation: Wie kommen wir zu radikal besseren Lösungen?

Ein technischer Anarchist – der Innovations- und Managementtheoretiker Gary S. Hamel würde ihn einen Häretiker nennen, einen Ketzer – hatte intuitiv mit den Grundregeln seiner Disziplin gebrochen. Der Anarchist wurde dafür verlacht und musste gehörig trainieren, bevor

> Good design is a lot like clear thinking made visual.
>
> EDWARD TUFTE
> Statistiker und Designer

die Innovation ihre technische Überlegenheit ausspielen konnte. Plötzlich sprang er höher als alle anderen. Genau das ist, übertragen auf Innovation in Unternehmen, das Ziel von Design Thinking.

Design Thinking ermöglicht Innovatoren, durch die Decke zu denken.

Damit meinen wir: Ein Design Thinker verfügt dank eines mehrstufigen Prozesses über die Fähigkeit, die Kernkompetenzen des klassischen Designs systematisiert auf seine Welt zu übertragen. Er kann mehr Neues schneller in die Welt bringen.

Vertrackte Probleme

Ein klassischer Designer erkennt durch Beobachtung das Problem oder das Bedürfnis eines Anwenders. Er löst es mit den Mitteln der Gestaltung. Dabei versetzt sich der Gestalter in den Anwender hinein, schaut sehr genau hin, verändert den eigenen Standpunkt mehrfach, testet Prototypen, schaut noch genauer hin, verwirft Ansätze und nähert sich so der Lösung Schritt für Schritt an. Im Idealfall mündet diese Annäherung in einem Produkt, »das den Verstand des Kunden fesselt und dann mit seinem Herzen davonrennt«.[1]

Design Thinker suchen nach dieser Sorte von Lösungen. Und dies in einer Welt voller Probleme, die der deutsche Designtheoretiker und Berkeley-Professor Horst Rittel als »wicked« bezeichnet hat. Also jener Sorte vertrackter, schwer zu fassender Probleme, die mit so vielen und tiefgreifenden Dilemmata behaftet sind, dass wir uns eigentlich keine befriedigende Lösung für alle Beteiligten vorstellen können. Das bekannte Gefangenendilemma bekommen wir mit ein wenig Logikbegabung gelöst. »Wicked problems« sind von anderem Kaliber. Für Politiker in dieser vertrackten Welt gehören zum Beispiel Klimawandel, Proliferation und Armut dazu. Die schwer zu fassenden Probleme von Entscheidern in Unternehmen mögen nicht ganz so essenziell für das Wohlergehen der Menschheit sein. Das macht es allerdings nicht einfacher, mit extrem volatilen Märkten zurechtzukommen. Und mit technologischen Paradigmenwechseln im Zeitraffer, galoppierenden Innovationszyklen, immer anspruchsvolleren Kunden in gesättigten Märkten, regulatorischen Orkanböen oder einer Horde schnell lernender und unendlich ambitionierter Wettbewerber auf der anderen Seite des Globus.

Design Thinking auf einer Postkarte erklärt ist erfinderisches Denken mit radikaler Kunden- beziehungsweise Nutzerorientierung. Es basiert auf dem Prinzip der Interdisziplinarität und verbindet in einem strukturierten, moderierten Iterationsprozess die Haltung der Ergebnisoffenheit mit der Notwendigkeit der Ergebnisorientierung. Design Thinking bricht mit der Vorstellung, dass sich die Zukunft aus den Datensätzen der Vergangenheit ableiten lässt, und sucht nach menschlichen Bedürfnissen, die noch nicht (ausreichend) gestillt werden. Dabei vereint der Ansatz viele Elemente von zeitgemäßer Kollaborationskultur, Selbstorganisation und bekannten Kreativitätstechniken zu einer neuen, sich stets weiterentwickelnden Innovationsmethode. Wenn Entscheider diese Methode verinnerlichen, hat Design Thinking das Zeug zur umfassenden Managementphilosophie. Das Ziel ist in einem Zweisprung beschrieben:

Dem Nutzer nützen. Und dabei das eigene Unternehmen einzigartig, also wettbewerbsfähig machen.

Dem Nutzer nützen

Wir werden in diesem Buch mit vielen Beispielen belegen, dass Design Thinking zum einen zu innovativeren Lösungen führt. Die Kreativität der Vielen schlägt auf lange Sicht die Kreativität des seltenen Genies. Zum anderen bringt Design Thinking Lösungen hervor, die auf eine höhere Akzeptanz bei der Zielgruppe stoßen, weil die Zielgruppe bei der Lösungsfindung eingebunden ist.

Der Geburtsort von Design Thinking ist, wie sollte es anders sein, Kalifornien. Ebenfalls nicht erstaunlich: Die Firmennamen Google und IDEO werden in diesem Buch öfter fallen. Im deutschsprachigen Raum gehören neben der SAP mit dem Design-Thinking-Evangelisten Hasso Plattner an der Vorfront die Swisscom, die Deutsche Bank und Siemens zu den Early Adopters der Methode. Deren Erfahrungen geben wir mit Dank in drei Interviews im Wortlaut weiter – ergänzt durch die Sichtweise des grafischen Gestalters Erik Spiekermann. Zudem bilden viele Beispiele aus Design-Thinking-Workshops und -Projekten von Partake (früher E&E Consultants AG) die inhaltliche Basis.

Um Missverständnissen gleich zu Beginn vorzubeugen: Design Thinking ist für uns keine allumfassende Heilslehre. Auch wir wissen, dass es immer mehr als eine Wahrheit gibt. Dass Lösungen heute nicht mehr richtig oder falsch sind, sondern besser oder schlechter. Dies gilt natürlich auch für Innovations- und Managementmethoden. Design Thinking bietet keine Garantie für disruptive Erneuerung. Gleichzeitig sind wir davon überzeugt, dass Design Thinking mit signifikant höherer Wahrscheinlichkeit nutzerorientierte Lösungen für Probleme hervorbringt, an denen die gängigen Innovations- und Managementstrategien bis dato scheitern. Deshalb haben wir dieses Buch geschrieben.

Management im 21. Jahrhundert

Langfristig hat Design Thinking das Potenzial, die drei großen Ps wieder miteinander zu versöhnen – also die auseinanderdriftenden Interessen von *people, planet und profit*. Politik und Nichtregierungsorganisationen entdecken die Methode gerade für sich. Zunächst jedoch wird Design Thinking die Wertschöpfung verbessern. Es wird Prozesse effizienter, Produkte innovativer und Unternehmen wettbewerbsfähiger machen. Es wird, da sind wir ebenfalls sicher, in vielen Organisationen das Managementsystem kräftig durchrütteln und auf den Kopf stellen.

Management ist die wichtigste Erfindung der Wirtschaftsgeschichte. Denn es beschreibt die Fähigkeit, andere Menschen in einem Wertschöpfungsprozess zu organisieren und anzuleiten. Die zurzeit gängigen Management- und Führungsmethoden sind alle älter als siebzig Jahre. Ihr Kern lässt sich auf einen Satz reduzieren: Führen mit hierarchischen Strukturen und Belohnungssystemen, die auf die Knöpfe der extrinsischen Motivation drücken.

Ja, die Unternehmenskulturen sind hier und da partizipativer geworden. Personalentwickler erinnern ab und an daran, dass Führungskräfte Mitarbeiter »auf der Werteebene abholen sollen, um intrinsische Motivation zu stärken«. Aber im Grunde ist das Modell das alte geblieben. Die Führung, der Vorstand, der Chef haben eine Vision, ein Ziel, eine Strategie. Der Rest der Truppe muss diese unter Anleitung umsetzen. Die Reaktanzen bei den Mitarbeitern und die Hürden für Innovation, die dieses System aufbaut, sind vielfach beschrieben.[2] Die Kritik hat Bestand, aber das noch größere Problem hierbei ist: Die Managementmethoden des zwanzigsten Jahrhunderts passen nicht mehr in eine Welt, in der Problemstellungen in einem bis dato ungekannten Grad komplex und mit oben beschriebenen Dilemmata behaftet, also »wicked« sind.

Design Thinking holt das Management ins 21. Jahrhundert. Dabei bringt es Unternehmen und Organisationen auf mindestens fünf Ebenen voran:

▶ Es ermöglicht, Verbesserungspotenziale zu erkennen, und liefert Ansätze, diese direkt zu erschließen.

▶ Es beschleunigt die klassischen Innovationsprozesse (Patente, geistiges Eigentum, innovative Produktentwicklung et cetera).

▶ Es bietet einen Zugang, Unternehmensstrategien und Geschäftsmodelle zu erfinden oder grundlegend zu verändern.

▶ Es hat die Kraft, das Managementmodell zu erneuern, mit dem das Unternehmen betrieben wird, und dabei das Selbstverständnis von Management auf eine neue Stufe zu heben.

Im besten Fall findet ein Unternehmen mit Design Thinking ein neues »Meaning« – einen Sinn und Zweck. Hier ist nicht der dritte Aufguss des Leitbildprozesses gemeint, sondern eine echte Mission, mit der sich alle Mitarbeiter tatsächlich identifizieren.

Kollektive Kreativität

Führungskräfte, die Design Thinking verinnerlichen, entwickeln für sich ein völlig neues Rollenverständnis. Das kann so weit gehen, dass der Ansatz das Grundgerüst für das eigene Weltbild bildet. Eine Grundüberzeugung von Design Thinkern ist:

Es gibt keine guten Ideen per se. Es gibt nur Ausgangsideen, die es wert sind, in den Design-Thinking-Prozess eingesteuert zu werden.

Design Thinker an der Spitze von Unternehmen oder Abteilungen schaffen Umgebungen, in denen Ideen entstehen. Ihre Aufgabe sehen sie darin, als Host und Harvester diese Ideen durch einen iterativen Prozess zu härten. An dessen Ende können dann bahnbrechende Ergebnisse stehen. Das Team erntet sie gemeinsam. Führungskräfte in ihrer Rolle als Gastgeber, Bühnenmanager und Erntehelfer wissen, dass sie nicht mehr und nicht weniger als Moderatoren von Unternehmensprozessen sind. Sie akzeptieren, dass ihnen Vision, Strategie und Geschäftsmodell, ja nicht einmal die beste Lösung für die Umleitung von Telefonen in der Mittagspause unvermittelt in den Schoß fallen. Sie wissen, dass sie die kollektive Kreativität anzapfen müssen: die schöpferische Kraft ihrer (hoffentlich) interdisziplinären Teams, der (hoffentlich) interkulturellen Mitarbeiterschaft, der Kunden, der Zielgruppe oder vielleicht sogar aller online erreichbaren thematisch Interessierten in aller Welt.

Design Thinker schenken Vertrauen und lassen andere machen. Führungskräfte steuern den Prozess, nicht den Inhalt. Das fällt umso leichter, je besser man die einzelnen Methoden in der großen Toolbox des Design Thinking beherrscht und je mehr gute Erfahrung eine Führungskraft in Meetings, Workshops oder Projekten mit Design Thinking bereits gemacht hat. Die innere Sicherheit, dass kollektive Kreativität am Ende ein gutes Ergebnis schöpft, erleichtert das Loslassen. Das hat nichts mit Schmusekurs, Konsens-Diktatur oder sonstigem Weichmacher-Larifari zu tun, sondern ausschließlich mit Ergebnisorientierung. Dabei braucht die Arbeit in der Gruppe zwingend eine Kultur authentischen Feedbacks. Hier geht es mit der Präzision eines Laserschwerts zur Sache.

Meeting, Workshop, Projekt, Organisation

Design Thinking ist ein akademischer Trend. In diesem Buch beschäftigen wir uns nur so weit mit den theoretischen Grundlagen des Design Thinking, wie sie uns für die Anwendung in der Praxis direkt hilfreich erscheinen. Wir bewundern die Intensität, mit der Wissenschaftler an den d.schools in Stanford und Potsdam, in Sankt Gallen, Harvard und an der London School of Economics gerade den theoretischen Diskurs zu und über Design Thinking als nutzerzentrierte Innovationsmethode vorantreiben. Mit ihnen können und wollen wir nicht in akademischen Wettstreit treten, sondern die Arbeit der Akademie durch die Sicht der Anwendung in der Praxis ergänzen.

Unsere Arbeit beginnt da, wo die der Akademiker naturgemäß aufhört: bei der Implementierung. Dies ist ein Buch von Praktikern für Praktiker. Wir wollen zeigen, was Entscheidungsträger in Unternehmen mit Design-Thinking-Elementen wie, mit welchem Aufwand und in welchem Rahmen erreichen können. Unser Anspruch ist es,

eine intelligente Gebrauchsanweisung für reflektierte Entscheider zu liefern, und aus diesem Anspruch heraus ergibt sich auch die Struktur dieser Anleitung. Sie ist – wie es sich gehört – in einer Design-Thinking-Sitzung entstanden und beginnt mit der kleinsten zeitlichen Teamarbeitseinheit, bei der Design Thinking im Unternehmensalltag zum Zuge kommen kann: dem Meeting. Von dort aus arbeiten wir uns – dem mathematischen Prinzip der Selbstähnlichkeit folgend – hoch bis zur Verankerung von Design Thinking in der Unternehmenskultur. Konkret heißt das:

Teil I ▸ beschreibt, wie Sie ein circa zweistündiges Teamtreffen mit Design-Thinking-Elementen zugleich kreativ und ergebnisorientiert gestalten können.

Teil II ▸ führt an Design Thinking in einem Workshop heran, also einer Zeiteinheit von ein bis drei Tagen. Hier lernen Novizen der Methode erstmals den kompletten Design-Thinking-Zyklus kennen, wie er unter anderem an den d.schools gelehrt oder von der Innovationsagentur IDEO praktiziert wird.

Teil III ▸ umfasst die nächste sinnvolle Ausbaustufe beim Einsatz von Design Thinking in Unternehmen: das Projekt. Wir reden hier von einem Zeithorizont von ein paar Wochen bis ein paar Monaten mit dem Ziel, einen bestimmten Unternehmensprozess grundlegend zu verändern oder ein neues, marktfähiges Produkt zu entwickeln. Dabei bietet es sich im Rahmen eines Projekts an, für jede Iterationsschleife im sechsstufigen Design-Thinking-Prozess einen eigenen Workshop anzusetzen.

Teil IV ▸ umreißt die Königsdisziplin der Methode, nämlich Design Thinking als umfassende Managementmethode mit dem Ziel, das eigene Unternehmen hin zu einer Design-Thinking-Organisation zu transformieren.

Eigentlich wollten wir auch noch einen fünften Teil schreiben. Aber das weite Feld der Weltverbesserung mit Design Thinking heben wir uns für ein anderes Buch auf.

Wir hoffen, dass der Titel dieses Buchs nicht missverstanden wird. Design Thinking kann das Denken durch Glasdecken katapultieren. Das schließt in einem Atemzug ein, disruptive Ideen in Form von besseren Prozessen, Dienstleistungen oder Produkten im Wortsinn auf den Markt zu werfen. Die Implementierung ist der Methode eigentlich immanent. Leider wird der Design-Thinking-Prozess zu oft künstlich abgebrochen, wenn es ernst wird: wenn in einem Workshop gute Ideen entwickelt wurden, ein vielversprechender Prototyp in Ansätzen getestet wurde, aber dann Mut oder Interesse zur Markteinführung sich auf dem Weg zu höheren Hierarchiestufen verlieren.

Design Thinking ist Design Doing

In Europa steht die Design-Thinking-Entwicklung noch am Anfang. Die Methode muss Organisationen stärker durchdringen, bevor sie Raum greifen kann. Die gute Nachricht an dieser Stelle ist:

Wir freuen uns, dass Sie unser Buch gerade in der Hand halten und mit der Lektüre begonnen haben. Bitte probieren Sie aus, was Sie in *Durch die Decke denken* lesen. Nur dann wird sich Ihnen das wahre Potenzial von Design Thinking erschließen. Sie sind dabei nicht alleine. Die Gemeinde der Design-Thinking-Anwender wächst täglich. Suchen Sie bitte den Austausch mit uns und anderen Praktikern. Zum Selbstverständnis von Design Thinking gehört es, sich vom Prinzip des methodischen Herrschaftswissens zu verabschieden, denn es hat die Probleme unserer Zeit leider nicht gelöst. Weder im gesellschaftlich Großen noch im Kleinen auf Unternehmensebene. Es wird Zeit, dass Design Thinking seine Kraft als Innovationbeschleuniger entfaltet. Seien Sie Teil dieses Prozesses und beschleunigen Sie mit. Wir freuen uns, wenn Sie Impulse aus *Durch die Decke*

Design Thinking ist ansteckend.
Die erste Design-Thinking-Regel lautet deshalb:
Don't talk. Do!

denken mitnehmen können. Grafisch aufbereitet und zur freien Verwendung finden Sie die wichtigsten Take-Aways in unserer App und auf unserer Webseite *www.partake.de.*

Hier und da werden Sie als neue Design Thinker auf Widerstand stoßen. Vielleicht müssen Sie sogar mit ein wenig Spott leben. Das macht nichts. Im Gegenteil, Spott ist ein gutes Zeichen. Den Hochsprung-Anarchisten Dick Fosbury haben die sogenannten Experten ja zu Beginn auch für ein springendes Kamel auf zwei Beinen gehalten.

Tool 1:
Let's have fun –
Die zwölf wichtigsten Design-Thinking-Regeln

Fail early and often.
Leave titles at the door.
Don't talk. Do!
There are no good ideas.
Build on ideas of others.
Avoid criticism.
The quantity is it.
Stay focused.
Dare to be wild!
Think human centered.
Be visual.
Let's have fun.

TOOL
1

MEETING:

DESIGN THINKING IN ZWEI STUNDEN

I. Meeting –
Design Thinking
in zwei Stunden

»Sales. Du.« »Sales. Du.« »Sales. Du.« »Sales. Du.« »Sales. **Sales. Du.**
Du.« »Sales. Du.« »Sales. Du.« »Sales. Du.« »Sales. Du.«
»Sales. Du.« »Sales. Du.« »Sales. Du.« »Sales. Du.« »Sales.
Du.« »Sales. Du.« »Sales. Du.« »Sales. Du.« »Sales. Du.«
»Sales. Du.« »Sales. Du.« »Sales. Du.« »Sales. Du.« »Sales.
Du.« »Sales. Du.« »Sales. Du.« »Sales. Du.« »Sales. Du.«
»Sales. Du.« »Sales. Du.« »Sales. Du.« »Sales. Du.« »Sales.
Du.« »Sales. Du.« »Sales. Du.« »Sales. Du.« »Sales. Du.«
»Sales. Du.« »Sales. Du.« »Sales. Du.« »Sales. Du.« »Sales.
Du.«

Zugegeben, das ist ein seltsamer Einstieg für ein Buch-
kapitel, das sich nicht mit Dadaismus beschäftigt. Es fühlt
sich aber noch seltsamer an, wenn zu Beginn eines Meetings acht oder zehn Kollegen rund um den Konferenztisch
laufen, sich die Hände schütteln, an der Schulter packen,
theatralisch das Gesicht verziehen, sich gegenseitig in
Gespräche verwickeln und dabei nicht anderes sagen dürfen als die Nonsensvokabeln »Sales. Du«.

Es gibt ein Theaterstück des Schweizer Objektkünst-
lers und Schriftstellers Dieter Roth aus dem Jahr 1974 mit
dem Titel »Murmel, Murmel«. Das Manuskript hat knapp
200 Seiten, die wiederum mit einer Wiederholungsschleife
des Titels gefüllt sind: Murmel, murmel, murmel, murmel,
murmel ... Sonst nichts. Herbert Fritsch, die Schauspieler-
legende der Berliner Volksbühne, hat das Nonsensstück
als Regisseur 2012 in Form einer großen Improvisations-
Show vor greller Wechselkulisse inszeniert. Damit hat er
für den Heiterkeitserfolg der Theatersaison gesorgt. Am
Ende grölen Schauspieler und Zuschauer gemeinsam den
sinnfreien Schlachtruf »Murmel! Murmel! Murmel!« in den
Theatersaal am Rosa-Luxemburg-Platz, und altvordere
Theaterkritiker befürchten zu Recht, dass gleich noch die
letzte Konvention eines gesitteten Theaterabends fallen
könnte: dass die Meute Polonaise tanzend durch die Ränge
zieht. Nun war das Brechen von bildungshuberischer

For sure, you have to be lost to find a place that can't be found. Elseways everyone would know where it was!

CAPTAIN BARBOSSA
in »Fluch der Karibik«

Theaterkonvention freilich genau die Intention des Autors. Mit der Befreiung von der Spaßbefreiung brach der Regisseur knapp vier Jahrzehnte später eine weitere. Das ist auch der Punkt bei Warm-ups wie »Sales. Du«.

Design Thinker brechen mit Aufwärmübungen bewusst jene Routinen, die Meetings zu einem Hort von lähmender Unproduktivität und kontraproduktiven Ränkespielen gemacht haben. Bei »Sales. Du« passiert in der Regel Folgendes: Der Leiter des Meetings gibt die Anweisung zum Klamauk, und während die meisten noch irritiert schauen, schüttelt er die ersten Hände: »Sales. Du.« »Sales. Du.« »Sales. Du.« Entscheidend ist, körpersprachlich erst gar keinen Zweifel aufkommen zu lassen, dass es sich hierbei um ein hochgradig sinnhaftes Unterfangen handelt. Die ersten Extrovertierten machen umgehend mit und nach spätestens 30 Sekunden kommen auch die abteilungsbekannten Reichsbedenkenträger und Nachrichtenredakteure des Flurfunks nicht drumherum, beim Improtheater für Anfänger mitzuspielen. Wenn es gut läuft, schaukelt sich die Stimmung nach ein bis zwei Minuten zum echten Eisbrecher hoch und die Teilnehmer beginnen zu spüren, was der eigentliche Sinn der Übung ist: Kommunikationsbarrieren zwischen den Teilnehmern werden körpersprachlich gesenkt. Die Lippen werden weich, wie bei Fernsehsprechern, die ähnliche Übungen machen, bevor sie auf Sendung gehen. Alle Teilnehmer wissen vom ersten Moment an: Dies wird keine Sitzung, bei der ich mich sechzig Minuten zurücklehnen, gelegentlich freundlich nicken und mehr oder weniger unauffällig meine E-Mails checken kann. Dies wird ein Meeting, bei dem mein Beitrag gefragt ist, womit die Brücke von scheinbarem Nonsens-Warm-up und Design Thinking geschlagen wäre.

Design Thinking ist eine Methode, die schöpferischen Ressourcen in interdisziplinären Teams nutzt. Sie ist intuitiv und analytisch zugleich. Sie bringt die linke und die rechte Gehirnhälfte in einem systematischen Ansatz zusammen, und der reflektierte Einsatz einer emotionalen Aufwärmübung ist hierfür ein gutes Beispiel. Das Ziel ist es, Lösungen für ein Problem zu finden, das nicht bereits gelöst wurde. Bei Meetings sollten Design-Thinking-Prinzipien entsprechend immer dann zum Einsatz kommen, wenn bis dato ungelöste Problemstellungen auf der Agenda stehen.

Treten wir einen Schritt zurück und schauen von oben auf die Ziele, Routinen und Rollen bei Sitzungen im Unternehmensalltag. Führungskräfte wie Mitarbeiter erleben Tag für Tag das Meeting als Format der nervtötenden Zeitverschwendung. Das liegt in aller Regel daran, dass die Sitzung selbst eine Routine ist, ein politischer Akt der Legitimation oder im schlimmsten Fall reiner Selbstzweck. Wir berufen Meetings ein, weil andere von uns erwarten, dass wir Meetings einberufen. Eine zentrale Regel im Design Thinking lautet:

Das Gegenteil von Kuschelkurs

Es gibt viele Meetings, die ohne Warm-up auskommen. Es gibt Meetings, bei denen Führungskräfte kommunizieren, was Sache ist, was die Mitarbeiter in den kommenden Stunden, Tagen oder Wochen zu tun haben, weil die Abteilungsleitung, die Geschäftsführung oder der Vorstand dies so beschlossen hat. Solche Meetings sollten kurz sein, einen zeitlich klar definierten Raum für Rückfragen bieten, aber Führungskräfte sollten auf dieser Stufe des Prozesses keinen Platz für scheindemokratische Zeitverschwendung schaffen. Die Lösung des Problems wurde bereits gefunden und nun ist Implementierung gefragt. Punkt.

Always know in which stage you are.
Mache dir klar, auf welcher Stufe des Prozesses du dich befindest.

Es taucht hin und wieder der Verdacht auf, Design Thinking mit seinen kollaborativ-gruppenorientierten Lösungsansätzen sei so etwas wie eine Königsdisziplin des Kuschelkurses. Wenn dies der Fall sein sollte, so liegt das in der Verantwortung einer Führungskraft, die eben nicht weiß, auf welcher Stufe des Prozesses sie sich gerade befindet.

Nach unserem Verständnis der Methode ist Design Thinking das Gegenteil von Kuschelkurs. Der österreichische Autor und Chefredakteur des Philosophie-Magazins *Hohe Luft*, Thomas Vasek, hat in seinem Buch *Die Weichmacher – Das süße Gift der Harmoniekultur*[3] beschrieben, was passiert, wenn sich Führungskräfte vor klaren Entscheidungen drücken. Sie lähmen ganze Organisationen, und zwar besonders, wenn es darum geht, Innovationen voranzubringen. Nicht-innovative Unternehmen, das wissen Volkswirte spätestens seit Schumpeter, verschwinden über kurz oder lang vom Markt. Führungskräfte mit Design-Thinking-Hintergrund treffen hingegen im Vorfeld eines Meetings sehr bewusst eine analytische Entscheidung:

Haben wir es gerade mit einer wirklich ergebnisoffenen Fragestellung zu tun?

Um es auf den Punkt zu bringen: Führungskräfte sollten bei der Planung und Durchführung eines Meetings in den Methodenkoffer des Design Thinking greifen, wenn sie noch nicht wissen, wie es geht. Im Sinne von: Weder kenne ich die Lösung, noch weiß ich, wie ich sie umsetze. Dann und nur dann ist Design Thinking angesagt.

Im Kleinen findet sich das große Ganze wieder. Design Thinking, das haben wir schon in der Einleitung gesehen, ist eine Methode für »wicked problems«, also für jene in einer komplexen Welt immer öfter auftauchenden Fragestellungen, in denen wir auf Dilemma-Situationen treffen. Auf unterschiedliche Interessenlagen, bei denen die Lösung eben nicht auf der Hand liegt und von einem klugen Kopf an der Spitze einer Organisation per Eingebung erdacht werden kann. Gleichzeitig fällt es Führungskräften in den vielen Situationen des unklaren Wegs nach wie vor ungemein schwer, den einfachen Fünf-Wörter-Satz zu sagen: »Ich weiß es auch nicht.«

Design Thinking hilft Führungskräften dabei, auf die kollektive Kreativität ihres hoffentlich ausreichend vielseitig zusammengesetzten Teams zu vertrauen. Wenn die Grundsatzentscheidung für das nächste Meeting gefallen ist, dass wir uns im Stadium des »Wir-wissen-noch-nicht-so-genau-wie-es-geht« befinden, ist das Warm-up nur der Anfang. Dann greift in der Sitzung ein weiteres wichtiges Prinzip von Design Thinking:

Host and harvest![4]
Sei Gastgeber und ernte!

Ein Meeting nach Design-Thinking-Prinzipien zu leiten ist keine Moderations-Raketentechnik. Es ist zunächst eine Haltungsfrage. Die richtige Haltung basiert auf der Fähigkeit, den urmenschlich einprogrammierten Fehler der Selbstüberschätzung zu kompensieren, und auf der Überzeugung, dass in gut moderierten, kollektiven Lösungsansätzen im Durchschnitt bessere Ergebnisse erzielt werden. Der Host, auf Deutsch Gastgeber, erntet mit und für die Gruppe Lösungen, die dem Unternehmen nützen. Kurzum: Es ist die Haltung hinter partizipativer oder postheroischer Führung, bei der Führungskräfte verinnerlicht haben, dass ihnen Lösungen für komplexe Probleme oder Aufgabenstellungen nicht qua Eingebung vom Himmel in den Kopf fallen.[5]

Partizipative Führung setzt voraus, dass Führungskräfte lernen, selbst mit Unsicherheit zu leben – ein Gedanke, der sich ja bereits wie ein roter Faden durch das Werk des Managementvordenkers Peter Drucker zieht[6] und durch Ronald Heifetz von der Harvard Kennedy School für das 21. Jahrhundert modernisiert wurde.[7] So weit, so einfach. Zumindest in der Theorie.

Die Grundhaltung hinter *Host and harvest* wird nur belohnt werden, wenn die moderierende Führungskraft das Handwerk tatsächlich beherrscht. Wir werden in den folgenden Kapiteln noch an vielen Stellen auf die Frage zurückkommen, wie Moderatoren sicherstellen können, dass Design-Thinking-Prozesse auch tatsächlich zu überlegenen Lösungen führen. An dieser Stelle nur so viel: Ein Meeting nach den Prinzipien des Design Thinking zu leiten, ist ein Crash-Kurs in partizipativer Führung. Die wichtigste Aufgabe des Gastgebers besteht darin, die kollektive Intelligenz und Kreativität im Raum so zu vernetzen, dass am Ende eine bessere Lösung herauskommt, als sie der Klügste von allen hätte finden können. Und er muss dafür sorgen, dass auf keinen Fall das Phänomen »Viele Köche verderben den Brei« aufkommt, also sich Teamarbeit zur kollektiven Abwärtsspirale entwickelt, was wir, sind wir ehrlich, natürlich im Unternehmensalltag ebenfalls oft erleben.

Zwei bewusste Brüche mit Meeting-Konventionen erzielen eine erstaunliche Wirkung:

▶ *1. Stand up!*
  Alle Stühle raus!

▶ *2. Ab sofort gelten folgende*
  Regeln:
  The audience is listening! –
  Es wird nur (und immer!)
  nacheinander geredet.
  Avoid criticism! – Vermeide Kritik
  und erkenne Chancen.

Ein ordentlich ausgestattetes Design-Thinking-Labor verfügt über Tische und Wände, auf denen man schreiben und zeichnen kann.[8] Nach einer produktiven Design-Thinking-Sitzung fällt es oft schwer, Freiflächen in Bierdeckelgröße zu finden. Die Erfahrung mit unseren Beratungskunden zeigt: Wer einmal in einem für Design Thinking ausgestatteten Raum ein Meeting durchgeführt hat, möchte nie mehr zurück in die Kreativtristesse von eckigem Holztisch mit einem Dutzend Stühlen drumherum. Nun haben die meisten Organisationen (noch) keinen solchen Raum. Die Erfahrung zeigt ebenfalls: Es lohnt sich, mit Stuhlverbot und einfachen Papierrollen – wir empfehlen braunes Packpapier, das ist nicht so steril wie weißes – einen Testballon steigen zu lassen. So kürzlich geschehen bei einer europäischen Großbank.

Die Aufgabe des Teams war es, in einer neunzigminütigen Sitzung eine bestimmte Finanzdienstleistung für eine junge, online-affine Zielgruppe in ein neues Produkt zu fassen. Der Teamleiter hatte sich auf das Experiment eingelassen, nicht wie üblich Brainstorming-Ergebnisse von einem Protokollanten parallel in einen Rechner hacken zu lassen und diese per Beamer an die Wand zu werfen. Stattdessen malten zwei Mitglieder der Gruppe, zur eigenen Überraschung, den Tagesablauf eines potenziellen Kunden vom Zähneputzen bis zum Einstöpseln des Smartphones ins Ladegerät am späten Abend quer über den Tisch. Kollegen ergänzten Stationen, aus denen sich produktrelevante Situationen für die Zielgruppe ergeben konnten. Plötzlich rutschte eine Wasserflasche von einer Station zur nächsten, damit alle im Raum nachvollziehen konnten, wo sich der potenzielle Kunde gerade in seinem Tagesablauf befand. Die Stationen selbst bekamen Symbolbildchen. Mit der Reise der Wasserflasche wuchs die Liste an Stichpunkten, wie das Produkt in welchen Alltagssituationen dem Kunden von Nutzen sein könnte. Nach spätestens zwanzig Minuten fand sich die Gruppe in einem energie-geladenen und dennoch zivilisierten Wettstreit der Ideen wieder. Einige Mitglieder wuselten um den Tisch herum, andere ergänzten aus der Beobachterperspektive. Das banübliche Ergebnis einer solchen Produktfindungssit-zung wäre eine Liste mit vielen Punkten gewesen. In die-sem Fall war das Ergebnis ein Foto. Eine vom Tagesablauf eines Kunden her gedachte Skizze eines abstrakten, nicht tangiblen Dienstleistungsprodukts.

Das Feedback des Teams lautete unisono: »Das war die produktivste Sitzung, die wir je hatten.« Aus der begleiten-den Beraterperspektive war die geschätzt zehn Quadrat-meter große Papierbahn ein weiterer Beweis für den Wert der Design-Thinking-Methode des *Visual Talk*«, gelegent-lich auch *Visual Thinking*« genannt.

Visuelles Sprechen und Denken ist das Gegenmodell zu dem, was Informationsdesign-Guru Edward Tufte *Tod durch Powerpoint*« nennt. *Visual Talk* ist der kleine smarte Bruder des *Prototyping*. Es macht Ideen für andere ver-ständlich und beschleunigt kollektive Kreativprozesse mit einer Wucht, die man erst für möglich hält, wenn man sie in einer Sitzung wie der oben beschriebenen erfahren hat. »Das Ziel ist es, das Nicht-Anfassbare tangibel zu machen, und Visualisierung ist hierzu die beste Methode«, schreibt der Präsident des Design Management Institute (DMI) Thomas Lockwood in seinem aktuellen Standardwerk (und Pflichtlektüre!) zu Design Thinking.[9] Die Kognitionsfor-schung liefert die wissenschaftliche Begründung.

Das menschliche Hirn tut sich schwer damit, gele-sene Informationen zu speichern. Rund zehn Prozent blei-ben hängen. Gesprochenes Wort erinnern wir zu zwanzig Prozent, visuelle Informationen zu dreißig. Diese Zahlen sind natürlich stark kontextabhängig, aber gesichert ist: Lesen, hören und sehen wir zu einem Sachverhalt gleich-zeitig, steigt unsere Fähigkeit zu verstehen und zu merken sprunghaft an. Wie so oft in Kreativprozessen ist dann das Ganze mehr als die Summe der Einzelteile: Wir erinnern dann bis zu 70 Prozent der Inhalte.[10] Das ist auch der Trick beim *Visual Talk*. Es entfaltet seine volle Wirkung, wenn wir eine Zeichnung mit den zentralen Schlagwörtern vor den Augen des Zuhörers entwickeln und dabei unsere Gedanken teilen.

Ein Meister in dieser Technik ist der visuelle Vordenker Dan Roam, der *Visual Thinking* auf die eingängige Formel »mit Bildern Probleme lösen« bringt. Sein Elevator Pitch für das Konzept in seinem Bestseller *Auf der Serviette erklärt* lautet: »Visuelles Denken heißt, Ihr inneres Sehvermögen zu nutzen – sowohl mit den Augen als auch mit Ihrer Vorstellungskraft –, um Ideen zu entdecken, die sonst unsichtbar sind, diese Ideen schnell und intuitiv zu entwickeln und sie anderen dann so zu vermitteln, dass diese sie leicht begreifen.«[11]

Die größte Hürde bei der Einführung dieser wunderbaren Methode sind die Selbstzweifel derjenigen, die sie nutzen sollten. Wann immer wir bei Führungskräften Werbung für *Visual Talk* als Werkzeug zur Verbesserung der Sitzungskultur machen, lautet die spontane Reaktion: »Das hört sich gut an. Aber ich kann leider nicht zeichnen.« Das können wir ebenfalls nicht. Aber darauf kommt es zum Glück beim *Visual Talk* auch nicht an!

Für visuelles Denken und Sprechen müssen wir keine Grafikdesigner werden. Wer das Haus vom Nikolaus auf Papier bringen kann, hat auch das Zeug, ein großartiger visueller Kommunikator zu werden. Vorausgesetzt, er findet die richtigen Symbole, um einen klugen Gedankengang nachvollziehbar zu entwickeln. Das Bild wird anderen helfen, gedanklich anzuknüpfen – und in der iterativen Gesamtlogik des Design Thinking neue Verbindungen schaffen. Es hilft, die Idee in der Gruppe eine Denkschleife höher zu heben.

Für die produktive Nutzung von *Visual Talk* im Meeting ist auch noch folgender Trick von großem Effekt. Die letzten zehn Minuten werden genutzt, um eine »Reinzeichnung« zu erstellen. Die Reinzeichnung ist, wenn man so will, die Ernte einer gut moderierten Sitzung. Die Papierrolle vom Tisch wird dazu an die Wand gehängt. Das ändert im Wortsinn noch einmal die Perspektive und das Team schaut nun mit Abstand auf den Kreativprozess der Sitzung. Die Reinzeichnung lässt Unerhebliches weg und fasst in klarer Struktur zusammen. Oft sind es die analytisch begabten Köpfe in der Gruppe, die diesen Job besonders gut übernehmen können. An dieser Stelle im Prozess spielt Design Thinking eine seiner großen Stärken voll aus. Die rationalen Analytiker sortieren die assoziativen Ideen der Intuitiven im Team im Sinne einer Gesamtlösung. Oder besser gesagt: Alles fügt sich zum »Big Picture«, zum großen Bild zusammen.

Voraussetzung hierfür ist allerdings, dass Kritikaster die Sitzung nicht zuvor inhaltlich zum Einsturz gebracht haben.

In klassischen
Strukturen wird ein
Wettbewerb der Ideen
oft nur simuliert.

Die Chancen, dass
sich eine Idee durchsetzt,
steigen linear mit der
hierarchischen Position
des Ideengebers.

Tool 2:
Visual Talk –
Höre auf zu reden. Zeichne!

Die Übung:

Wir fordern die Teilnehmer auf, alle Regeln innerhalb einer vorgegebenen Zeit mit einem Logo, Label, Cartoon, Portrait, Diagramm, Piktogramm et cetera zu visualisieren. Dabei kommt es weniger auf die zeichnerische Genauigkeit der Darstellung an als vielmehr auf die kreative Qualität der Regel.

Die Zeitvorgaben für die Visualisierung sind zunächst unbestimmt und folgen einer Staffelung nach folgendem Muster: Die Zeit bis zur Fertigstellung durch den jeweils schnellsten Teilnehmer wird zu 50 Prozent den Teams für die weitere Bearbeitung zur Verfügung gestellt, bis alle Teilnehmer ihre Regeln visualisiert haben. Zum Beispiel: 3 Minuten ⇢ plus 1,5 Minuten; 1 Minute ⇢ plus 30 Sekunden ⇢ plus 15 Sekunden ⇢ plus 7 Sekunden.

▸ Alle Teilnehmer eines Teams präsentieren sich gegenseitig die Darstellungen und bestimmen pro Teilnehmer die jeweils beste (den Gehalt betreffend).

▸ Jeder Teilnehmer bringt nun seine vom Team am besten bewertete Regeldarstellung in eine Reinzeichnung und stellt sie im Raum zur Schau.

▸ Die Teams präsentieren sich untereinander die reingezeichneten Regeln.

▸ Alle Teilnehmer bewerten die aus ihrer Sicht beste Reinzeichnung der anderen Teams, wobei jeder Teilnehmer nur eine Stimme vergeben kann. Für die Darstellungen des eigenen Teams dürfen sie nicht stimmen.

Das Team mit den meisten Stimmen gewinnt den Preis.

- Visual Talk meint die Überführung von allgemeinen, abstrakten Daten (zum Beispiel Texte) und Zusammenhängen in eine grafische beziehungsweise visuell erfassbare Form.

- Im Design Thinking verwenden wir eine Vielzahl von Regeln, die dabei helfen, dass ein kreativer Flow bei den Beteiligten entsteht, möglichst lange anhält und produktiv bleibt.

- Mithilfe von Visual Talk gelingt es besser, den Gehalt der Regeln hervorzuheben, da durch eine grafische Darstellung Details im Kontext einer gewünschten Aussage vernachlässigt werden, ohne die beabsichtigte Interpretation aufzugeben.

- Durch Setzen von Zeitlimits im Visual Talk werden schnelle und viele Ergebnisse erzeugt, die eher dem kreativen und emotionalen Impuls entspringen als dem rationellen Gedanken.

- Durch Bewertungen und Abstimmungen durch alle Teilnehmer wird ein Wettbewerb um die beste Darstellung motiviert, sodass »Banalitäten« weitestgehend aussortiert werden.

- Die gegenseitige Präsentation der Darstellungen untereinander verbindet die rationale mit der emotionalen Perspektive.

- Visual Talk unterstützt dadurch eine höhere Wiedererkennung und Verinnerlichung.

- Die Reinzeichnungen der Darstellungen unterstützen dabei, den Arbeitsraum für Design Thinking durch das Team einzunehmen (Capture your room).

TOOL

2

Der Advokat des Teufels

Der dänische Physik-Nobelpreisträger Niels Bohr lud ab Ende der 1920er Jahre die Weltelite seines Fachs regelmäßig zu Tagungen nach Kopenhagen ein. Die erste Reihe im Hörsaal war in der Regel für den hochbegabten Nachwuchs reserviert, also für Leute wie Werner Heisenberg, die jeweils eine Spielzeugkanone und eine Trompete vor sich stehen hatten. Die Jungforscher zündeten die Kanone mit lautem Knall, wenn sie ihre besondere Zustimmung zu einer Vortragsthese ausdrücken wollten. Wenn sie den Inhalt eines Vortrags für Blödsinn hielten, bliesen sie kakophon ins Blechinstrument. Es wäre schön, wenn diese Art von Humor in deutschen Meeting-Räumen öfter mit am Tisch sitzen dürfte. Zumal das inhaltliche Gewicht in aller Regel geringer sein dürfte als bei den Fortschritten in der Kernphysik rund um das Jahr 1930.

Zu den innovationsfeindlichsten Faktoren in deutschen Unternehmenskulturen gehört, dass wir alle in der Tradition des kritischen Rationalismus sozialisiert wurden. Vom Kindergarten an lernen wir, alles und jeden kritisch zu hinterfragen. Spätestens am Ende der Grundschule haben wir dann unser Verhalten dahingehend automatisiert, die Ergebnisse unserer kritischen Analyse dem Gegenüber bierernst um die Ohren zu hauen. Um Missverständnissen an dieser Stelle vorzubeugen: Auch wir wissen natürlich, dass der kritische Rationalismus eine zivilisatorische Errungenschaft ist, der Individuen und Gesellschaften hilft, besser zu werden. Aber man kann es leider kulturell übertreiben. An diesem Punkt scheinen wir angekommen – und das nehmen nicht nur wir so wahr.

Tom Kelley, der IDEO-Gründer und Design-Thinking-Evangelist beginnt sein großartiges Buch *The Ten Faces* of *Innovation* (ebenfalls eine Pflichtlektüre für alle angehenden Design Thinker) mit einer wütenden Attacke gegen einen Feind des Fortschritts, der sich selbst als kritischen Rationalisten sieht. Kelley beschreibt, wie er mit einer innovativen Idee in ein Meeting kommt, er merkt, wie er Ohren und Herzen im Raum für die Idee öffnet und dann ein kritischer Rationalist die fatalen Worte sagt: »Lassen Sie mich für einen Augenblick mal den Advocatus Diaboli spielen ...«[12]

Der Anwalt des Teufels ist ein wirklich fieser Gegner. Vermutlich haben wir uns alle, in der ein oder anderen Situation, mit ihm verbündet. Deshalb kennen wir seine Stärken. Zunächst gibt derjenige im Raum, der »nur mal ganz kurz die Rolle des Advocatus Diaboli übernimmt«, zu erkennen, dass er ja eigentlich gar kein grundsätzlicher Gegner der Idee ist, nur dummerweise der Teufel ihn dazu zwingt, zum Wohle der Firma die Bedenken zu tragen. Oder direkter formuliert: Der Kritiker ist zu feige, für seine Kritik geradezustehen. Dann flutet der Teufelsadvokat den Raum mit etwas, das Kelley schlicht »Negativität« nennt. Die düsteren Gedanken, warum die Idee nicht fliegen kann, werden dann oft zum Selbstläufer. Es häufen sich dann Formulierungen wie: »Ich finde die Idee nach wie vor gut, aber ...« »Das erscheint mir doch alles sehr komplex, denn ...« Oder noch schlimmer: »Wir haben das schon einmal probiert und da ist ...«

Vermutlich wurde nie ein wirklich ähnliches Konzept ausprobiert. Die Behauptung, dass man schon einmal mit der Idee gescheitert sei, muss nicht einmal böse Absicht sein. Oft ist sie das Ergebnis der sich selbst verstärkenden Kräfte des Negativismus. Zu viel Harmonie mag ein süßes Gift sein. Aber Negativität ist für Innovation tödlich, gerade weil wir sie in der Tradition des kritischen Rationalismus für die beste Medizin aller Zeiten halten. Der Anwalt des Teufels spielt sich als kompetenter Arzt auf – und killt in deutschen Sitzungsräumen eine Idee nach der anderen.

Wir werden im Kapitel zu Workshops noch ausführlicher der Frage nachgehen, warum Optimismus und ein positives Weltbild ein wichtiger Wesenszug von guten

Design Thinkern ist. Wenn im Meeting sich mal wieder der Teufelsadvokat mit seinen Horrorszenarien und zweifelnden Fragen in den Mittelpunkt des gedanklichen Geschehens drängt, ist es sinnvoll, eine einfache Gegenfrage zu stellen: Worin besteht eigentlich der Beitrag des Kritikasters? Die Gruppendynamik verändert sich grundlegend, wenn Führungskräfte in Sitzungen die Regel einsetzen: Ab sofort keine Kritik mehr! Und es spricht immer nur einer! Denn dann werden alle gezwungen, positiv zu denken. Wenn Kommentare wie »Das geht nicht« und »Das scheint mir doch alles extrem teuer« den Raum verlassen haben, ist Platz für Sätze, die mit den Worten beginnen: »Gut an der Idee finde ich, dass ...«, »Das sehe ich auch so. Zusätzlich sollten wir ...« oder »Wie wäre es, wenn wir auch noch ...«

Eine positiv gepolte Kommunikation fördert die Iteration, also die schrittweise Weiterentwicklung auf höheren Stufen.

Es mag sich paradox anhören, aber in Dutzenden Sitzungen mit Kritikverbot haben wir beobachtet, dass die Auseinandersetzungen im Team viel ehrlicher wurden. Wenn eine Gruppe per Kommunikationsregeln gezwungen ist, konstruktiv zu denken, ist plötzlich kein Platz mehr für Dinge, die mit der Idee, um die es geht, gar nichts zu tun haben. In diesem Modus legt die Gruppe, wie von einer unsichtbaren Hand gesteuert, ganz automatisch die Stärken einer Idee frei und macht sie in einem iterativen Prozess Schritt für Schritt besser. Die Energie der Kritik wird automatisch in einen produktiven »Action Plan« gewandelt – die Skizze eines Handlungsplans mit definiertem Ziel. Dabei findet das Team in aller Regel die Kristallisationspunkte sehr schnell, von denen aus ein Lösungsweg für das gestellte Problem deutlich wird.

Idee und Konzept

Das Prinzip »Kritisiere nicht« kennen wir freilich als Brainstorming-Regel. Wenn wir dieses Prinzip auf den gesamten Iterationsprozess einer Idee ausweiten, gewinnt es jedoch noch einmal deutlich an Zugkraft. Dies widerspricht auch nicht, wie es auf den ersten Blick scheinen mag, der von allen Denkschulen des Design Thinking propagierten Regel »Scheitere früh und oft«. Ideen müssten erst mithilfe kollektiver Kreativität einen gewissen Reifegrad haben, bevor man erkennt, ob es sich lohnt, sie weiter zu erkunden.

Natürlich kommt in jedem Innovationsprozess der Punkt, an dem jemand entscheiden muss, ob es sich lohnt, eine bestimmte Idee weiterzuverfolgen – oder eben nicht. Diese Entscheidung müssen in der Regel Führungskräfte an anderer Stelle beziehungsweise zu einem anderen Zeitpunkt treffen. Wir bewegen uns gleichzeitig auf sicheren Terrain, wenn wir sagen: Viele im Kern gute Ideen werden abgeschossen, bevor sie von einem Team positiv denkender Innovatoren angereichert wurden. Für das Grundverständnis von Design Thinking ist von zentraler Bedeutung: *Es gibt keine guten oder schlechten Ideen.*

Wer glaubt, eine Idee beurteilen zu können, ist entweder in der Rolle des oben genannten Teufelsadvokaten gefangen oder mit Design Thinking noch nicht recht vertraut. Der Design-Thinking-Trick besteht gerade darin, durch Beobachtung herauszufinden, welche Annahmen eine Idee in sich trägt, wie sich die Idee für den Kunden darstellt und was sie für das Unternehmen bedeuten könnte. Diese Annahmen gilt es explizit zu machen.

Schnell wird ersichtlich, ob es sich um Naturgesetze oder um Aussagen handelt, die nicht ganz so unumstößlich sind. Manche Annahme kann man unmittelbar beurteilen, für andere muss man in Workshops oder Projekten Versuchsanordnungen finden, um zu einer Einschätzung zu kommen. Diesen Prozess nennen wir dann »Konzeptarbeit«. Diese umfasst den Übergang von einer Idee zu einer konzeptionellen Darstellung unter Beachtung folgender Leifragen:

▶ Was soll die Idee bewirken?

▶ Auf welche Annahmen fußt sie?

▶ Was weiß ich (Naturgesetze et cetera)?

▶ Was kann ich wissen (Welche Informationen sind verfügbar? Wie teuer ist es, sie zu beschaffen)?

▶ Was könnte ich mithilfe von Tests, Beobachtungen, Umfragen, Prototypen, Pilotanwendungen et cetera erfahren?

▶ Mit welcher Unsicherheit (Was kann ich nicht testen)?

Wenden Sie diese Fragen an und Sie werden sehen, dass nur die wenigsten Ideen als gut oder schlecht klassifiziert werden können. Viel eher kommt man zu einer realistischen Einschätzung, wie groß der Arbeitsaufwand wäre, um eine Idee in ein Konzept zu überführen. Das wiederum wäre dann eindeutig eine Aufgabe für einen Workshop.

Das folgende Beispiel hilft in diesem Zusammenhang zum Verständnis:

Ein Kollege schlägt vor, dass die Mailbox jedes Mitarbeiters auf bestimmte Schlagworte gescannt wird. Basierend auf Analytiksoftware werden dem Mitarbeiter gezielt Vorschläge unterbreitet, was er lesen, wen er treffen, woran er arbeiten und mit wem er sich vernetzen soll. Um das System zum Erfolg zu führen, müssten möglichst viele Mitarbeiter Leserechte auf allen Mailboxen freigeben. Um einen Anreiz zum Mitmachen zu geben, bekommt jeder, der sich freiwillig beteiligt, wahlweise drei zusätzliche Urlaubstage pro Jahr oder wöchentlich ein Essen in der Kantine. Jeder Mitarbeiter bedeutet jeder Mitarbeiter – vom Pförtner bis zum Vorstandsvorsitzenden.

Wie finden Sie die Idee? Theoretisch gut, aber ...? Bei anderen geht so etwas, aber bei uns ...!? Das ist datenschutzrechtlich gar nicht machbar! So etwas macht keiner mit!?

Die hier vorgestellte Idee wäre nichts anderes, als GMail in den Unternehmenskontext zu übertragen. Hätte man uns vor fünf Jahren gefragt, wir hätten in bester Manier des Teufelsadvokaten Bedenken getragen und dazu beigetragen, dass die Idee abgeschossen worden wäre.

Heute würden wir die Idee in einen Design-Thinking-Prozess einsteuern. Denn gerade die absurden Ideen sind es wert, konzeptionell gefasst zu werden. Gut oder schlecht ist zu Beginn eines Explorationsprozesses die falsche Frage. Design Thinker sondieren eher nach dem Motto: Je wilder und ungewöhnlicher, desto eher hat eine Idee das Potenzial, auf der Konzeptbühne zu bestehen.

Die sogenannte Dark-Horse-Methode zielt (dies als kleiner Vorgriff auf den Workshop) genau in diese Richtung. Beim Pferderennsport sind die »dunklen Pferde« die Außenseiter, die kein Experte auf dem Schirm hat und die dann aber doch das Rennen machen. Bei der Dark-Horse-Übung werden Teams zunächst angehalten, eine eher zahme Idee als Sicherheitslösung zu einem Prototypen zu entwickeln. Dann drückt der Moderator beim Prozess auf Neustart – und mit der Sicherheitslösung im Hinterkopf trauen sich Teams, endlich durch die Decke zu denken.

Dare to be wild!
Look for the dark horse!

Eine Führungskraft limitiert sich also in ihren Möglichkeiten, wenn der kritische Rationalismus ihre Meetings regelmäßig in den Würgegriff nimmt. Eine hübsche Kreativübung, Teams aus diesem Griff zu lösen, führt auf direktem Weg zurück zum humorigen Nobelpreisträger Niels Bohr. Kanonen und Trompeten wären natürlich auch eine gute Idee, um Powerpoint-Präsentationen im Kollegenkreis zu kommentieren. Etwas einfacher und mit Bordmitteln geht es mit der Schweinelaut-Übung »*Grunzen und Quieken*«. Gefällt ein Wortbeitrag im Meeting, dürfen die Unterstützer dies durch gefälliges Grunzen mitteilen. Kritik findet in lautem Quieken Ausdruck. Wir empfehlen, diese Methode eher dosiert einzusetzen und darauf zu achten, dass alle Fenster und Türen geschlossen sind. Es könnte die Gefahr bestehen, dass sonst Nichtteilnehmer den Notarzt rufen. Aber *Grunzen und Quieken*, und das ist jetzt ganz humorfrei gemeint, eignet sich als Moderationswerkzeug wunderbar, um Kommunikationsbarrieren einzureißen und das Bewusstsein für ein ausgewogenes Verhältnis von Zustimmung und Kritik zu schärfen.

Unter dem Strich ist die Design-Thinking-Methodik für **Die vier Stolperfallen**
Meetings ein relativ schlichter Dreischritt:

▸ Definiere Ziel und Problem-/Fragestellung.

▸ Reiße atmosphärische Hürden ein.

▸ Nutze *Visual Talk* und verbiete negative Denkspiralen.

Wenn alles gut klappt, stehen am Ende des Meetings eine oder mehrere Ideen und der Wille, diese in ein oder mehrere Konzepte zu überführen. Die Idee kann dann die Form einer gut durchdachten Mindmap, einer visuellen Projektskizze oder einer neuen, vom Nutzer her gedachten Produktidee samt Liste zentraler Nutzungsvorteile annehmen.

Es verblüfft uns bei unseren eigenen Projekten immer wieder, wie stark Gruppendynamik und Qualität der Lösungsvorschläge steigen, wenn wir diese wenigen und einfachen Meeting-Regeln konsequent anwenden. Und wie viel schneller wir zu Ergebnissen kommen, die wir als verfolgenswert empfinden. Uns fällt auch immer wieder auf, dass die Qualität der Sitzungsergebnisse nicht mit der Intensität der Vorbereitung des Meetings im klassischen Sinne zusammenhängt. Oft gibt es eher einen umgekehrt proportionalen Zusammenhang: Je intensiver die inhaltliche Vorbereitung, desto weniger schöpferisch wird die Reinzeichnung am Ende.

Zum Verständnis hilft eine Erkenntnis der Hirnforschung. Im beruflichen Kontext tragen wir zu den meisten Fragestellungen rund 80 Prozent der relevanten Informationen in unserem Kopf herum. Auch wenn es sich wie eine Handlungsanweisung aus einem Handbuch für Müßiggänger anhört: Zu viel inhaltliche Vorbereitung vor Meetings kann schaden. Sich »in eine Sache hineindenken« bedeutet zugespitzt formuliert: Die Gedanken von Leuten übernehmen, die das Problem noch nicht gelöst haben. Sonst würde sich das Problem ja nicht mehr stellen. Die Problemstellung ist dann »zu gut« formuliert.

Für Führungskräfte bedeutet dies leider nicht zwingend weniger Arbeit im Vorfeld, sie müssen sich nicht weniger vorbereiten, sondern anders. Nicht die Inhalte stehen bei Meetings im Design-Thinking-Modus im Mittelpunkt der Vorbereitung, sondern die Methodik. Besonders wichtig ist die Frage, welche Problemstellung im Meeting bearbeitet werden soll.

Womit wir bei den vier Stolperfallen wären, in die viele *Hosts* bei ersten Design-Thinking-Meetings tappen.

- ▶ Das Team soll kein Problem lösen, sondern eine Aufgabe abarbeiten.

- ▶ Der Moderator ist ungeduldig.

- ▶ Der Ort tötet die Atmosphäre.

- ▶ Das Team ist falsch zusammengesetzt.

Führungskräfte, die Design Thinking für sich als Führungsmethode entdeckt haben und erste Testballons starten lassen, tun sich oft mit dem Prinzip der Ergebnisoffenheit schwer. Das ist psychologisch leicht zu erklären: In unseren hierarchisch geprägten Unternehmenskulturen wird Ergebnisoffenheit traditionell mit Planlosigkeit, also Führungsschwäche verwechselt. In dieser Tradition verhaftet trauen sich angehende Design Thinker nicht, ihrem Team zu Beginn von Ideenfindungsprozessen wirklich offene Fragen zu stellen nach dem Motto: Wie erhöhen wir unseren Umsatz? Sie tendieren stattdessen dazu, die Fragestellung so zu fassen, dass sie zu einer Aufgabenstellung mit vorbestimmter Zielorientierung und einem relativ festgelegten Lösungsweg wird. Also: Veredle das Produktdesign, sodass wir ein Preissegment höher rutschen. Das heißt nicht, dass es in bestimmten Situationen sinnvoll sein kann, das Produktdesign zu veredeln, um das

Produkt teurer zu machen, in der Hoffnung, dieses weiter in gleicher Stückzahl abzusetzen. Design Thinker wissen aber, auf welcher Stufe sie sich im Prozess gerade befinden. In der Phase der Ideenfindung sind Anweisungen selbstlimitierend.

Der zweite, weit verbreitete Anfängerfehler sind Unsicherheit und Ungeduld des Moderators. Diese Stolperfalle hängt eng mit fehlender Ergebnisoffenheit zusammen. Auch das ist nicht verwunderlich, denn als kritische Rationalisten sind wir natürlich auch Individualisten. Führungskräfte haben einen beruflichen Aufstieg hinter sich, der meist auf der Fähigkeit aufbaut, Aufgaben schneller zu erledigen als andere. Die Kunst der Führung im Design Thinking besteht aber gerade darin, die Verantwortung für kreative Lösung an das Team zu delegieren. Das Team wird wiederum oft versuchen, diese Verantwortung an den Moderator zurückzuspielen. Denn das ist es erstens gewohnt und zweitens ist das bequem.

Wer als Führungskraft die Ideenschätze mit kollektiver Kreativität heben möchte, muss lernen, die Unsicherheit und Leerlauf über bestimmte Zeitspannen auszuhalten. Wenn ein Team merkt, dass sein Chef eine halbwegs brauchbare Lösung bereits in der Schublade hat, wird es sich nicht zu kreativen Höhenflügen aufschwingen. Führungskräfte sollten sich übrigens keine Illusionen über ihre schauspielerischen Fähigkeiten machen. Teams lassen sich auf dieser Ebene nicht austricksen, sie spüren, ob Ergebnisoffenheit und Vertrauen in die Gruppe wirklich vorhanden sind oder ob der Chef am Ende doch wieder alles besser weiß.

Wer die Methoden verinnerlicht hat, wird Unsicherheit leichter aushalten. Eine Erfolgsgarantie gibt es leider dennoch nicht, aber einen kreativen Verstärker. So banal es klingen mag: Ein Team an einen anderen Ort zu expedieren kann kreative Blockaden lösen. Wer mit seinem Team samt

Design Thinking ist im Großen ein Innovationsbeschleuniger und im Kleinen ein Geduldsspiel.

Flipcharts mal in ein Museum für moderne Kunst gegangen ist, um dort nach Absprache mit der Museumsleitung in einer ruhigen Ecke intensiv 90 Minuten nachzudenken, weiß, wovon wir sprechen. Der Park um die Ecke ist übrigens ein guter Einstieg in die Luftveränderung.

Der vierte und größte Feind für das Design-Thinking-Meeting lauert im Innern. Wenn die Zusammensetzung des Teams nicht stimmt, nützt weder die beste Fragestellung noch der beste Moderator, und auch der beste Ort reißt es nicht raus. Eine mittelgroße Fraktion von Kollegen mit ausgeprägter Expertise als Advocatus Diaboli hat noch jeden Kreativprozess zum Erliegen gebracht. Diese Team-Fehlkonstruktion ist immerhin leicht zu erkennen. Oft wirken die Störfaktoren sublimer.

In einem Workshop für einen großen Konsumgüterhersteller haben wir kürzlich einen Marketingprozess begleitet, bei dem ein Produkt trendiger positioniert werden sollte. An vier Tischen wurden in Teams mit je fünf Mitgliedern Lösungen erarbeitet. Die Gruppe mit der scheinbar größten Kompetenz scheiterte kläglich. Zwei top-gestylte Hipster, in der Eigenwahrnehmung eng zur Zielgruppe gehörend, dominierten den Diskurs, spielten sich die Bälle zu, ließen weder Einwände noch Ideen der Kollegen gelten. Am Ende gerieten sich die beiden sogar noch in die Haare und machten sich dann gegenseitig die Konzepte madig. So war ein wunderbarer Extremfall zu beobachten, den wir alle in abgewandelter Form aus dem Unternehmensalltag kennen. In solchen Fällen hilft keine Oberflächenkosmetik – das Team muss zerschlagen werden.

Design Thinker in
Führungspositionen
akzeptieren,
dass ihnen Vision,
Strategie und
Geschäftsmodell
nicht qua Eingebung
in den Schoß fallen.
Nicht einmal die
beste Lösung für
die Umleitung von
Telefonen in der
Mittagspause.

Tool 3: Jam-Session –
Design Thinking im Schnelldurchlauf

Die Jam-Session ist ein Meeting, bei dem gezielt Design-Thinking-Elemente eingesetzt werden. Man benötigt drei bis fünf Stunden und man sollte einen circa 20 Quadratmeter großen Raum zur Verfügung haben.

»Welche Rolle spielen Bankfilialen in der Zukunft?« Das war die Fragestellung der im Folgenden beschriebenen Jam-Session. Ziel der Sitzung war es, die Kernaussage und eine Struktur für eine Veröffentlichung zu finden. Darüber hinaus sollte getestet werden, ob die Fragestellung geeignet ist, um sie mit dem Methodenset Design Thinking zu bearbeiten.

Wir nutzen das Format Jam-Session oft, um ein erstes Hypothesen-Set zu entwickeln, auf dessen Basis wir Projekte strukturieren können. In diesem Sinne ist die Jam-Session das perfekte Einstiegsformat.

Zutat 1:
Teilnehmer

- ▶ 1 Moderator und 1 Assistent (Hosting und Harvesting),
- ▶ 2 Gäste (eine Schülerin und eine Beraterin),
- ▶ 1 Senior-Management-Berater,
- ▶ 1 Topmanager der Bank.

Die Altersstruktur reichte von 16 bis 59 Jahren. Der Bildungsmix lag etwas zu einseitig auf Management und Beratung. Im Hinblick auf Herkunft und Kultur war die Gruppe homogen.

- 1 Raum mit 20 bis 30 Quadratmetern (Rechteck oder L-Form),

- 3 Stehtische, beschreibbar, Ablage (Sideboard),

- 3 Stehhilfen, 6 bis 8 Sitzwürfel,

- 2 beschreibbare Wände, 2 Metaplanwände (Ergebnisboards),

- 1 Kamera oder Fotohandy, 1 Musikanlage,

- 1 Basisausstattung Tisch (2 × 6 Farben Whiteboard-Marker, Post-its, Papier, Moderationskarten, Klebeband, Magneten, Schere et cetera),

- Tischtennis–Set,

- Getränke, gegebenenfalls Working Lunch (Obst, Sandwiches …).

Die Jam-Session lässt sich gut in einem Raum durchführen. Um einen Perspektivwechsel zu ermöglichen, kombiniert man die Arbeit an Stehtischen und auf Sitzwürfeln. Anstelle von beschreibbaren Tischen und Wänden tun es zur Not auch Metaplanwände und Packpapier. Aber bitte immer die Logistik beachten! Wo hänge ich Ergebnisse auf? Wohin kommen gebrauchte Tisch- und Wandzeichnungen?

TOOL

3

Block 1

13:00–13:15	Begrüßung, Vorstellung und Warm-up	Tischtennis-Rundlauf	Bewegung/Musik/laut
13:15–13:45	Erweiterung und Unschärfe	Race – Welche Firmen/Unternehmen spielen zukünftig in meinem Alltag eine Rolle? Clustering – Firmen/Unternehmen nach Funktion, Nutzen und Bedeutung	Stehend am Tisch/Musik/konzentriert
13:45–14:15	Erweiterung und Gegenstand (Fokus)	Sort – Firmen/Unternehmen nach Distributionskanälen Wie werden sich Distributionskanäle entwickeln?	Stehend an der Wand/ohne Musik/angeregte Diskussion
14:15–14:45	Ergebnisse 1 und Pause	Harvesting – Sicherung der Bilder und Texte (Fotos/Metaplanwände) Harvesting – Entwicklung einer ersten Grafik/Visualisierung	Bewegen, stehen, sitzen (frei)/Musik/lockere Atmosphäre

Zutat 3:
Ablaufplan

Block 2

14:45–15:15	Unschärfe und Kontext	Gespräch: Kaufentscheidung und Beratung Was kaufe ich online und warum? Gibt es ein Moore's Law (exponentielles Wachstum) für Geldtransfers im Netz? (Analogon)	Stehend am Tisch/leise Musik/angeregte Diskussion
15:15–15:30	Ergebnissicherung 2	Harvesting – Erweiterung und Anpassung der Ergebnisse Parallel zum Gespräch durch gezieltes Nachfragen	Stehend an der Wand/leise Musik /geführte Diskussion
15:30–16:15	Inhaltlicher Perspektivwechsel und Verknüpfung	Wer kann Kosumenten beraten und warum? Wie wird sich Beratung ändern? Welche Rolle spielt der Kanal? Was bringt Online?	Stehend am Tisch/laut und schnell/ Free Flow!
16:15–16:45	Ergebnisse 3 und Pause	Harvesting – Sicherung der Bilder und Texte (Fotos/Metaplanwände) Harvesting – Entwicklung einer ersten Grafik/Visualisierung	Bewegen, stehen, sitzen (frei)/ Musik/lockere Atmosphäre

Block 3

16:45–17:15	Transfer und Reshape	Was bedeutet das für die ursprüngliche Frage ? Ist die ursprüngliche Frage überhaupt die richtige Frage?	Sitzend/Blick auf die Ergebnisse/keine Musik/ruhig und konzentriert
17:15–17:30	Feedback und Abschluss	Feedback nach I like, I wish, I give. Abmoderation	Stehend am Tisch/leise Musik/entspannt
17:30–18:15	Pufferblocks	Drei Puffer à 15 Minuten für jeden Block	

TOOL

3

WORKSHOP:

VOM PROBLEM ZUM PROTOTYP

II. Workshop –
Vom Problem zum Prototyp

Ist Freejazz eigentlich heilbar? Der Stuttgarter Komiker und Frontmann von »Die kleine Tierschau«, Michael Gaedt, erntet mit dieser Frage immer viele Lacher – zumal sein stirnfaltiger Gesichtsausdruck die Antwort gleich mitliefert. Nun würden wir Design Thinking nicht als chronische Krankheit einstufen. Aber es gibt in guten Design-Thinking-Workshops Momente, in denen Ähnliches passiert wie bei improvisierenden Jazz-Musikern. Auf der Jazz-Bühne heißt das Pendelharmonie. Die Musiker kennen sich, vertrauen sich, greifen bewusst in eine andere Tonart. Sie wählen eben nicht die erwartbare C7, sondern packen die Majorante drauf. Weil sie spüren, dass der andere mitgehen wird. Der Kollege nimmt den harmonischen Faden auf und gibt ihm wieder einen neuen Spin. Der Schlagzeuger wechselt den Rhythmus und fordert damit eine neue Harmoniefolge.

Die Musiker werden zu einem Kollektiv, das sich in Wechselwirkung steigert. Dabei erschaffen sie etwas, was auf keinem Notenblatt steht und auch nie von einem einzelnen Komponisten darauf geschrieben werden könnte. In einem Design-Thinking-Workshop sind das die Momente, in denen sich niemand mehr etwas zu Essen holt oder auch nur die Kaffeetasse anhebt. Wenn die ganze Aufmerksamkeit im Raum plötzlich einem gedanklichen Pingpong-Spiel gehört. Wenn ein Wort das andere ergibt. Wenn Dinge verknüpft werden, die vorher noch niemand zusammengedacht hat. Wenn in dreißig Sekunden plötzlich ein Lösungsweg für ein Problem sichtbar wird, auf dem eine ganze Abteilung Wochen, Monate und manchmal auch Jahre herumgekaut hat. Es sind die Momente, wenn die Gruppe in einen kollektiven Flow-Zustand rutscht.

Dann machen Mitarbeiter Vorschläge, auf die sie normalerweise nicht kämen, so wie Musiker normalerweise in einer bestimmten Harmonie auf keinen Fall die Majorante spielen.

Ideen-Pingpong

Discovery consists of seeing what everybody has seen and thinking what nobody has thought.

ALBERT VON SZENT-GYORGY, Mediziner

Das Ziel von Design Thinking in Workshops ist: Möglichst oft den kreativen Flow provozieren, der sich im Unternehmensalltag so selten einstellen will.

»Flow« ist jener erfüllende Zustand, bei dem wir von einer Aufgabe so gefesselt sind, dass wir die Zeit vergessen. Wenn unser Können im Einklang mit den Anforderungen steht, wir also weder die Angst der Überforderung noch die Langeweile der Unterforderung spüren. Wenn eine Harmonie zwischen dem limbischen System besteht, das unsere Emotionen steuert, und dem kortikalen System, dem Neocortex, der Bewusstsein und Verstand im Griff hat. Kurzum, wenn wir in einer Art Schaffensrausch eins werden mit einer kreativen Handlung. Das wissen wir übrigens nicht erst seit Mihály Csíkszentmihályis Untersuchungen zu Risikosportarten und seinem Bestseller mit dem Titel, der es zum lexikalischen Fachbegriff schaffte.[13] Eigentlich wissen wir das alles schon seit 1908. In diesem Jahr schrieb der Begründer der Erlebnispädagogik, Kurt Hahn, seine Beobachtungen zu »schöpferischer Leidenschaft« nieder. In unserer Wahrnehmung trifft dieses Begriffspaar den Nagel noch besser auf den Kopf, und in seiner Kollektivvariante konnten wir einen solchen Moment schöpferischer Leidenschaft kürzlich bei einem Workshop mit einer großen Unternehmensberatung miterleben. Es lohnt sich in dem Fall eine Zeitlupenanalyse.

Die Ausgangsfrage des Workshops lautete: Wie kann die Beratungsorganisation die Integration neuer Mitarbeiter verbessern? Im Beraterjargon: Wie verbessern wir das Onboarding der Frischlinge? Wir befanden uns im zweiten Workshop-Tag. Die Teilnehmer, in diesem Fall ein gutes Dutzend, hatten sogenannte *Personas* gebaut – also Puppen samt Lebensläufen, die typischen Jungberatern ein Bild gaben und »begreifbar« machten. Sie hatten mit echten Jungberatern besprochen, was diese an den *Personas* authentisch fanden und was »total danebengedacht« war. Die Fragestellung war bereits in mehrfacher Hinsicht konkretisiert worden. Der Workshop hatte sich in verschiedene Untergruppen aufgeteilt, die wiederum auf

verschiedenen konkreten (und eher naheliegenden) Maß-
nahmen wie einem Mentorenprogramm und gesonderter
Unterstützung beim ersten Projekt herumgedacht hatten.

Eine Untergruppe war ziemlich müde gespielt, beladen
mit Tonnen von Input vom Vortag und eher unzufrieden
mit den bis dato generierten Ideen. Und dann sagte einer:
»Alle Neuen wollen doch ihre Stärken ins Spiel bringen.
Dann sind sie zufrieden.« Eine Teilnehmerin fragte: »Wie
machen wir die Stärken jedes Einzelnen sichtbar?« Es fiel
umgehend der Begriff »Schatzkarte«. Man stellte fest, dass
in der Organisation noch nie jemand auf die Idee gekommen war, die Stärken und Interessen von Mitarbeitern
abzufragen, obwohl das Geschäftsmodell einer Beratungs-
gesellschaft ja gerade darin besteht, individuelles Wissen
der Mitarbeiter zu einer kollektiven Beratungsleistung
zusammenzuführen.

Im Fokus stand plötzlich nicht mehr die Frage »Wie
können wir Frischlinge glücklicher machen?«, sondern
»Wie kann das Wissen aller Mitarbeiter besser vernetzt
werden?«. Nach dem Motto: Wir haben ein Projekt bei der
Deutschen Bank. Der hat dort schon im Studium ein Prak-
tikum gemacht. Die hat bei einem Projekt dort gearbeitet.
Und der ist von Kindesbeinen an Kunde bei der Deutschen
Bank. Auf die Idee, systematisch zu fragen, wer einen Beratungskunden bereits aus Kundensicht kennt, war nämlich
auch noch niemand gekommen.

Am anderen Ende des Tischs nahm ein Seniorberater
einen Stift in die Hand und malte die Karte mit isolierten
Schätzen. Alle schauten hin. Dann zeichnete er Punkte in
die Fläche und fing an, die Schätze über die Knotenpunkte
zu verbinden. »Wenn wir einen Auftrag reinbekommen,
müssen wir mit Aufrufen in einem internen sozialen Netzwerk die Stärken und Interessen ausfindig machen.« Alle
hatten sofort begriffen, was eine Kollegin dann aussprach:

»Wir müssen die Dynamiken eines Social Networks nutzen, um bessere Teams zusammenzustellen.«

Der Aufruf in einem »internen« sozialen Netzwerk, auch darüber war schnell Konsens hergestellt, müsste eher unscharf formuliert werden, nach dem Motto: Wer hat etwas zur Deutschen Bank zu sagen? Plötzlich war auch wieder die Verbindung zur Eingangsfrage der besseren Einbindung der Frischlinge hergestellt. Ein »soziales Firmen-Netzwerk« hätte für sie aus zwei Gründen einen besonderen Charme. Die Eintrittsbarrieren in den digital vermittelten Wissensaustausch wären für die Newbies die gleichen wie für gestandene Seniorpartner. Zudem wäre es für sie die ideale Plattform, ihre Interessen und Stärken in der Organisation schnell bekannt zu machen. Bei der technischen Lösung, die gerade gebaut wird, werden diese Interessen und Stärken mithilfe einer semantischen Suchfunktion auch im Nachhinein auffindbar. So entsteht eine Art dynamisches Wissensarchiv mit erheblichem Mehrwert für neue Mitarbeiter und die gesamte Organisation zugleich. Die Idee war größer als die Frage. Sie wurde in weniger als zwei Minuten geboren.

Prototypisch für diese Ideenentwicklung war: Sie entstand in einer Müdigkeitssituation. Die Teilnehmer waren nicht mehr konzentriert genug, um die eigentliche Fragestellung im Fokus zu halten. Die Gedanken schweiften in ein Vorfeld der Problemstellung ab. An einen Ort, den sich bisher niemand genau angeschaut hatte, bei dem aber alle sofort spürten: Es lohnt sich, hier mal genauer hinzusehen. In dem Moment rutschte das Team aus einem Zustand der kreativen Überforderung in den Flow. Binnen Sekunden war die Müdigkeit verflogen und die schöpferische Leidenschaft da.

In Feedback-Runden der Selbsteflexion am Ende von Design-Thinking-Workshops tauchen immer Formulierungen auf wie: »Die Zusammenarbeit lief wie automatisch.« Teams werden in den Übungen zu durch und durch selbstorganisierten Einheiten und nehmen dies als besonders wertvoll wahr. Dabei tut sich von oben betrachtet ein interessanter Widerspruch auf. Der Moderator führt mit einem umfangreichen Methodenset durch einen klar vorgegebenen Prozess. Er plant den Workshop stringent durch, gibt Struktur und interveniert an vielen Stellen, indem er Denk-, Mal-, Bastel-, Spiel-, Präsentations- oder ähnliche Kreativaufgaben stellt. Und dennoch fühlen sich die Gruppen am Ende »vollkommen selbstorganisiert«. Genau hier liegen die Chance und die Kunst von Design Thinking als Moderationsmethode in einem zeitlichen Rahmen von ein bis drei Tagen.

Im Design-Thinking-Workshop gelten die gleichen Grundregeln, die wir aus dem Kapitel zum Design-Thinking-Meeting kennen. Kurze Wiederholungsschleife: Die Fragestellung ist ein »wicked problem«, also eines, für das es keine offenkundige Lösung gibt. Es gilt, Dilemmata aufzulösen, mehrere Stakeholder sind beteiligt oder es soll etwas grundlegend Neues zum Nutzen von Kunden in die Welt kommen, aber wir wissen leider noch nicht was. Die Führungskraft beziehungsweise der Moderator muss zu jedem Zeitpunkt wissen, auf welcher Stufe des Prozesses er sich gerade befindet. Er hat die Ergebnisoffenheit als Haltung verinnerlicht. Der Workshop-Leiter reißt wie der Leiter des Meetings hierarchische, atmosphärische und sonstige Hürden ein und verbannt den Teufelsadvokaten aus dem Raum. Die Gruppe nutzt die Chancen visueller Kommunikation und weiß, dass am Ende das Harvesting steht, also die geistige Ernte eingefahren wird.

Doch im Unterschied zum Meeting bietet ein Workshop die Chance, den klassischen Design-Thinking-Prozess mit seinen je nach Variante drei, sechs oder sieben Stufen von Beginn an, also dem Verstehen/Definieren eines Problems bis zu seiner vorletzten Stufe, dem Prototypen, zu durchlaufen.

Ein Design-Thinking-Meeting ist, sind wir ehrlich, eher ein Brainstorming mit Methodenkasten auf hohem Niveau – und natürlich der perfekte Türöffner in eine neue Welt kollektiver Innovation. Ein Design-Thinking-Workshop ist ein Blick aus dem ersten Stock auf diese Welt. Er eröffnet den Teilnehmern analytisch und emotional zugleich, wie stark Design Thinking Innovationsprozesse beschleunigen und qualitativ verändern kann. Denn in einem erfolgreich durchgeführten Workshop erfahren Design-Thinking-Novizen zum ersten Mal die Kraft der systematischen *Iteration* in kollektiven Kreativprozessen.

Würde ein Workshop-Leiter uns die Aufgabe stellen, Design Thinking auf einen inhaltlichen Kern, auf einen Begriff reduzieren, für uns lautete er »*Iteration*«. Sie leistet im Design Thinking, was der Antriebsstrang im Auto macht: Sie wandelt (geistigen) Rohstoff in Vortrieb.

Numerische Mathematiker iterieren, wenn sie sich der exakten Lösung eines Rechenproblems schrittweise annähern, und zwar durch Anwendung des gleichen Rechenverfahrens. Die Ergebnisse der ersten Berechnung werden dabei immer als Ausgangswerte für den nächsten Rechendurchlauf genommen. Im Maschinenbau und in der Konstruktionslehre bedeutet Iteration, wenn eine gute Idee, eine Eingebung eines Konstrukteurs, schrittweise bis zur Marktreife verbessert wird. Nach Markteinführung kann dann auf der Basis käuflicher Produkte weiter iteriert werden, was die Automobilindustrie beispielsweise seit etwa hundert Jahren macht. Betaversionen von Software sind eine weitere (für den Kunden hin und wieder ärgerliche) Ausprägung iterativer Entwicklungslogik. Bei großen IT-Projekte haben zurzeit sogenannte agile

Programmiermethoden Konjunktur. Die bekannteste heißt Scrum, und wenn ein Projektleiter den Satz »Lasst uns scrummen« sagt, hat sich die Erkenntnis durchgesetzt: Ein großer IT-Masterplan funktioniert bei diesem Projekt nicht, da sich die Anforderungen der Nutzer viel zu schnell ändern. Die schrittweise Annäherung an die Nutzer ist der bessere Weg. Es werden dann in wenigen Wochen kleine Anwendungen programmiert. Wenn sie beim Nutzer gut ankommen, werden sie verbessert, wenn nicht, können Applikationen auch wieder schnell im digitalen Papierkorb landen – und der nächste Testballon startet.

In jeder dieser Anwendungen von Iteration stecken Elemente, die Design Thinker in ihrer Methode wiederfinden. Die schrittweise Annäherung an Problemlösungen beruht wiederum auf einer eher profanen Beobachtung: Der große Plan als Managementmethode funktioniert nicht mehr, da sich in unserer hochkomplexen und unberechenbaren Welt ständig alles ändert. Und der Plan damit hinfällig wird. Der Managementvordenker David Teece hat diesen Gedanken in seinem Buch *Dynamic Capabilities and Strategic Management*[14] überzeugend ausargumentiert. Die wichtigste Schlussfolgerung lautet: Das linear-kausale Plandenken hat Konzerne in den Wachstumsmärkten des 20. Jahrhundert groß gemacht. Die Logiken der Skalierung waren dabei ihr bester Freund. Im 21. Jahrhundert werden nur die Großunternehmen erfolgreich sein, die ihre Ressourcen deutlich flexibler einsetzen und ständig wechselnde Herausforderungen mithilfe iterativer Prozesse schnell in den Griff bekommen.

Wir werden im Kapitel zu Design Thinking als Managementmethode noch ausführlich darauf zurückkommen aber an dieser Stelle schon der Hinweis:

Design Thinking verbindet extreme Ergebnisorientierung mit voller Ergebnisoffenheit.

Der Design-Thinking-Prozess – und das zeigt sich bereits im Workshop-Format – ist Iteration mit zugeschaltetem Turbolader.

Wir nehmen unsere Umwelt immer durch einen Filter von Vorwissen wahr.
Das Ziel muss sein, dass wir uns ohne Hypothesen im Hinterkopf in Beobachtungssituationen begeben.

Design Thinker nennen diese gedankliche Haltung
»Zen-like beginner's mind«.

In den letzten zehn Jahren haben sich in Forschung und Beratungspraxis eine Reihe unterschiedlicher Interpretationen und Anwendungsvarianten des Design-Thinking-Prozesses herausgebildet. Das ist gut so. Wäre Design Thinking ein dogmatisch starres Konzept, würde es sich selbst ad absurdum führen. Oder wie Larry Leifer, Professor für Mechanical Engineering in Stanford und einer der Väter der aktuellen Popularität von Design Thinking, es formuliert:

»Wenn Design Thinking eines Tages ein festgeschriebenes Manifest herausgeben sollte, würde es sich damit selber unkenntlich machen.«[15]

Einige Innovationsberatungen teilen den Design-Thinking-Prozess in Anlehnung an Tom Kelley und Tim Brown von IDEO in den funktionalen Dreischritt *Beobachten, Brainstorming, Prototyping*. Andere orientieren sich an den Pionierarbeiten von Herbert Simon mit seinem siebenstufigen Prozess mit den Iterationsschleifen *define, research, ideate, prototype, choose, implement* und *learn*.[16]

Im Design-Thinking-Labor von Partake haben wir gute Erfahrungen damit gemacht, uns bei Workshops an das Ursprungskonzept von Terry Winograd zu halten, das von den d.schools in Stanford und Potsdam in den letzten Jahren geschärft wurde.[17] Hierbei durchlaufen die Arbeitsgruppen folgende sechs iterative Etappen:

- Das Problem und den Kontext *verstehen*
- *Beobachten*
- Perspektive (*Point of View*) neu bestimmen
- *Ideen* zur Lösung entwickeln
- (Konzeptionelle) *Prototypen* bauen
- Systematisches Feedback als Vorstufe des *Tests* (echte Tests sind in der Regel erst im Projekt möglich)

Für jede Prozessstufe hat der Moderator diverse Methoden in der Werkzeugkiste, mit denen er das Team beim Verstehen, Beobachten, Ideen entwickeln et cetera unterstützen kann. Die Prozessschritte bauen natürlich aufeinander auf, aber die iterative Dynamik der Methode erfährt durch zwei weitere Regeln zusätzliche Schubkraft:

1. Das Team kann auf jeder einzelnen Prozessstufe selbst so viele gedankliche Runden drehen, wie es möchte.

Wenn also die Gruppe und der Moderator merken, dass ein großes Unverständnis über ein Problem besteht, kann es sinnvoll sein, den ganzen Workshop dafür zu verwenden, nach einem gemeinsamen Verständnis der richtigen Fragestellung zu suchen. Der Moderator muss dann allerdings sicherstellen, dass sich die Diskussion nicht im Kreis dreht, sondern dass die Gruppe tatsächlich iteriert, das Verständnis sich in Denkschleifen erhöht und der Erkenntnisgewinn dann am Ende geerntet, also greifbar dokumentiert wird. Das Prinzip der Ergebnisorientierung bei voller Ergebnisoffenheit gilt auch für den Moderationsprozess. Ein grundlegend neues Verständnis kann wertvoller sein als ein wenig beeindruckender Prototyp einer wenig beeindruckenden Lösungsidee.

Die tiefbohrende Iteration auf einer der ersten Stufen des Design-Thinking-Prozesses wird allerdings die Ausnahme sein. Viel öfter sehen wir in Workshops, dass Teams auf einer späteren Prozessstufe scheitern und dann ein oder zwei Stufen weiter vorne noch einmal ansetzen. Das ist die zweite wichtige Regel bezogen auf den iterativen Prozess:

2. Man kann jederzeit auf vorherige Iterationsstufen zurückspringen.

Wenn wir uns bei der Wahl der Perspektive, bei der Ideenfindung oder beim Bau eines konzeptionellen Prototypen verirrt, verfranzt haben, ist das kein Schaden, sondern ein Lernerfolg im iterativen Prozess. Es gilt das historische Zitat von Thomas Edison, er habe von jedem seiner 200 gescheiterten Glühbirnenprototypen etwas gelernt, das er für den nächsten Versuch verwenden konnte.

Aus Sicht der Führungskraft beziehungsweise des Moderators haben beide Prinzipien (also intensive Iteration auf einer Stufe und das Rücksprungprinzip) einen großen Vorteil: Wenn der Host sein interaktives Handwerk halbwegs beherrscht und er Gruppen ein wenig stimulieren kann, wird in Design-Thinking-Workshops immer etwas passieren.

Ein Design-Thinking-Workshop ist kein Open-Space-Format. Die gesetzte Frage ist immer relevant, und sollte dies einmal nicht der Fall sein, wird die Gruppe sie so umformulieren, dass sie zu einer relevanten Frage wird. Wir haben Workshops erlebt, da gab es am Ende keine neue Idee und erst recht keinen neuen Prototypen. Aber die Teams kamen zu dem produktiven Ergebnis: »Jetzt wissen wir endlich, welche Fragen wir uns stellen müssen.« In anderen Workshops wurden bestehende vage Ideen so gehärtet, dass sie direkt in die Produktentwicklung gegeben werden konnten. Wie gesagt: Es kann nicht nichts passieren. Das unterscheidet Design Thinking von Workshops mit vorher feststehenden Ergebnissen.

Verstehen:
Die Herausforderung in ihren wesentlichen Elementen begreifen: Akteure, Situationen und Gestaltungsmöglichkeiten

Beobachten:
Sich in die spezifische Erlebniswelt der Akteure begeben, um sich Bedürfnisse und rahmengebende Faktoren zu erschließen

Sichtweise (Point of View):
Dier Erkentnisse aus Verstehen und Beobachten in einer Fragestellung verorten

Das optimale Team besteht aus Menschen, die hinsichtlich ihrer Berufe, ihrer Herkunft, Nationalität und kulturellen Zugehörigkeit sehr unterschiedlich sind. Das Ziel ist eine möglichst große Vielfalt an Perspektiven.

Gewiefte Führungskräfte wissen natürlich, dass auch vorbestimmte Workshops eine Funktion haben können, und sei es nur eine pädagogische. Zum Beispiel um ein Team auf den gleichen Wissensstand zu heben oder einer Gruppe von Betroffenen bei einem Change-Prozess zumindest ein bisschen das Gefühl zu geben, irgendwie beteiligt worden zu sein. Das ist eine Kunst, die in Organisationen hier und da ihre Berechtigung haben mag. In negativer Variante sind solche Veranstaltungen allerdings Bauerntheater. Bei einem gelungenen Design-Thinking-Workshop tritt oft das Gegenteil ein: Von außen sieht es wie Bauerntheater aus, wenn Teilnehmer mit mäßigem Schauspieler-Talent sich in Rollenspielen zum Kunden machen. Das Ergebnis kann aber ein erheblicher Beitrag für die zukünftige Profitabilität des Unternehmens sein.

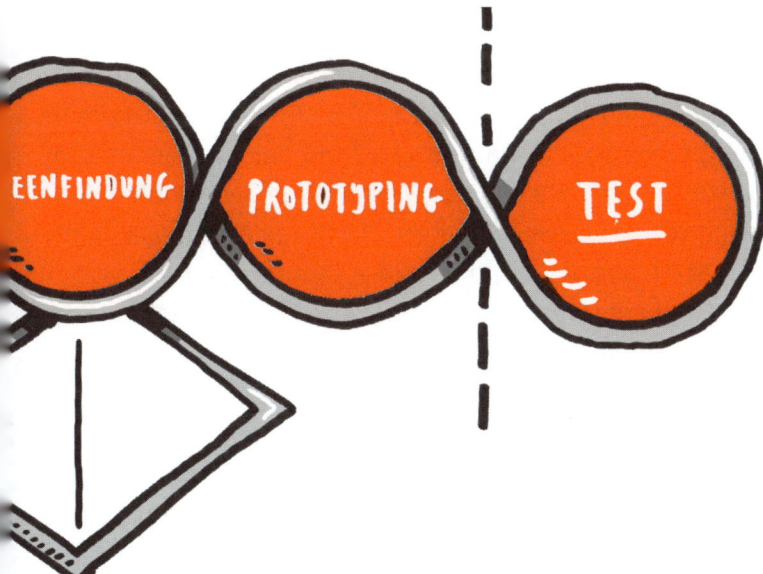

Ideenfindung:
Mit gezielt eingesetzten Kreativitätstechniken aus der Ideenvielfalt des interdispliären Teams qualitativ hochwertige Lösungsansätze schaffen

Prototyping:
Ideen greifbar und kommunizierbar und dabei Schwachstellen sichtbar machen

Test:
Früh und schnell herausfinden, ob Ideen bei der Zielgruppe wirklich zünden – auf Basis dieser Einsichten wird das Konzept so lange verfeinert, bis die bestmögliche Lösung gefunden ist.

Vom Verständnis zum Standpunkt

State the obvious!
Stelle das Offensichtliche heraus!

Ein Design-Thinking-Workshop beginnt mit einem Warm-up. Sind Körper, Geist und Gesichtsmuskulatur auf Betriebstemperatur, beginnt das Verstehen – und das Verstehen beginnt meist mit einer scheinbar einfachen Übung:

Unternehmensprozesse sind bekanntlich komplex. Und bekanntlich bleibt der gesunde Menschenverstand in dieser Komplexität oft auf der Strecke. Wenn wir das Offensichtliche an einem Problem herausstellen, finden wir den gesunden Menschenverstand wieder, und das ist ein sehr guter Einstieg, um ein komplexes, in sich widersprüchliches Problem schrittweise in den Griff zu bekommen. Das gilt vor allem für den Kontext, in dem das Problem steht und in dem auch die Lösung zu suchen ist.

Das Charmante an der *State-the-obvious*-Übung ist, dass sie keiner Vorbereitung bedarf. Wie beim Brainstorming im Meeting gilt, dass Vorbereitung an dieser Stelle eher kontraproduktiv ist. Detailwissen führt die Gedanken zu früh ins Klein-Klein und versperrt den Blick für grundsätzlich neue Lösungswege. Oft sind es diejenigen Mitglieder in der Gruppe, die am wenigsten mit der Problemstellung vertraut sind, die für das Verständnis des Problems die wichtigsten Hinweise liefern. Der Moderator muss an dieser Stelle aufpassen, dass diese Stimmen gehört werden und nicht die (vermeintlichen) Experten mit ihren im Kopf schon vorgefertigten Lösungsansätzen der Gruppe ihr Verständnis des Problems aufdrücken.

Viele Design Thinker halten den ersten Prozessschritt für den wichtigsten. Diese Formulierung teilen wir in ihrer Allgemeingültigkeit nicht. Es kommt immer auf das zu lösende Problem an, aber unstrittig ist: Wenn zu Beginn kein sinnvolles und geteiltes Verständnis der Fragestellung erzielt werden kann, wird die Gruppe an irgendeiner Stelle im Folgeprozess scheitern und zurück auf Los müssen. Das kostet Zeit und Energie, die wir an anderer Stelle effizienter einsetzen können. Zwei Design-Thinking-Werkzeuge helfen diversen Gruppen besonders, ein grundlegendes Verständnis der Frage zu entwickeln: der sogenannte *Brain Dump* und das Basteln einer oder mehrerer *Persona*.

Beim *Brain Dump* werden Assoziationen der Teilnehmer zur vorformulierten Fragestellung systematisch gesammelt – am besten in Form von Zeichnungen auf Post-its. Die Gruppe sortiert diese dann gemeinsam nach inhaltlichen Clustern (auch hierfür gibt es verschiedene Methoden, siehe Methodenteil) und erstellt eine sogenannte *Context Map*. Oft wissen danach alle sehr viel genauer, worin die eigentliche Herausforderung (in den d.schools sagt man *Design Challenge*) besteht und was ihr Lösungsumfeld ausmacht. Wenn der Workshop (wie meist) nutzerzentrierte Innovationen hervorbringen soll, ist eine *Persona* ein hervorragendes Mittel, um das Verständnis für die Zielgruppe und ihre Bedürfnisse zu schärfen – und damit für die Fragestellung gleich mit.

Die beiden bereits erwähnten *Personas* samt Lebenslauf im Onboarding-Workshop für junge Unternehmensberater waren im Grunde ein Abziehbild von Beraterklischees: Eine hübsche junge Frau, statusorientiert mit Louis-Vuitton-Tasche, analytisch begabt, fleißig und belastbar. Der junge Mann trug dunklen Anzug und eine teure Uhr. Auch er war im Eiltempo durch das Studium gehastet, hatte arbeitgeberorientiert Lebenslaufoptimierung mit den dazugehörigen Auslandsstationen betrieben und verfügte über einen überdurchschnittlich guten Abschluss einer überdurchschnittlich hoch gehandelten Universität. Selbstverständlich tat er sich mit persönlichen Bindungen eher schwer. Den Workshop-Teilnehmern, zum Großteil selbst erfahrene Berater, machte es vermutlich auch deshalb so viel Spaß, diese Personas zu bauen, weil sie Eigenschaften von sich selbst in die Puppen legten. Umso interessanter war, was geschah, als die Gruppe in die Prozessstufe der Beobachtung überwechselte. In dieser Phase musste sie echten

Jungberatern die Personas vorstellen und beobachten, wie diese auf ihre Abziehbilder reagierten.

Klischees haben ihren wahren Kern. Einige der stereotypen Attribute der Juniorberater-Personas gingen im Reality-Check mit der Referenzgruppe glatt durch, zum Beispiel die Statusorientierung. Die Seniorberater mussten jedoch feststellen, dass sich im Selbstbild des Nachwuchses im Vergleich zu ihrer eigenen Studienzeit einiges getan hat. So konnten sie beobachten, wie sich ein Dialog zur Leistungsbereitschaft entspannte, bei dem erkennbar wurde: Die große Mehrheit der Junioren ist zwar bereit, alles für ihren anspruchsvollen Arbeitgeber zu geben und das, wenn es sein muss, bis in den späten Abend hinein. Aber bitte nur in einem relativ engen Zeitfenster von vier Tagen pro Woche. Nun wussten die Partner- und Seniorberater natürlich, dass Work-Life-Balance heutzutage für mehr Menschen ein wichtiges Thema ist als vor zehn oder fünfzehn Jahren – auch für viele von ihnen selbst. Dennoch hatte niemand den offenkundig immer stärker werdenden Wunsch nach ausreichend Freizeit als Kontextfaktor für einen besseren Onboarding-Prozess in das Verständnis des Problems aufgenommen – mit dem langfristigen Ziel einer geringeren Abwanderung qualifizierter Mitarbeiter.

Bei einem vollständigen Projekt, zum Beispiel einer Produktentwicklung, investieren Design Thinker viel Zeit und Energie auf die Beobachtung von Nutzern. Sie adaptieren dabei Methoden von Soziologen und Ethnologen wie die teilnehmende Beobachtung oder das sogenannte Shadowing, also die Begleitung einer Testperson in allen Lebenssituationen. Das Ziel dabei ist, von den quantitativen Erkenntnissen der klassischen Marktforschung wegzukommen. Diese basieren in der Regel auf Befragungen von Kunden und eignen sich eher für Optimierungsansätze denn für echte Innovation getreu dem Diktum von Henry Ford:

»Wenn ich die Menschen gefragt hätte, was sie wollen, hätten sie gesagt: schnellere Pferde.«

In Befragungen können Kunden nur mitteilen, was sie selbst wissen. Durch Beobachtung lassen sich Stärken oder Defizite von Produkten im Gebrauch entdecken, die noch nicht tausendfach reflektiert wurden. Ein so simples wie gutes Beispiel hierfür sind die Kerben im Bodenring von Kaffeetassen. Umgedreht im oberen Korb der Spülmaschine stehend, läuft bei diesen Tassen das Wasser ab und sie kommen vollständig trocken aus der Maschine. Diese Innovation hat sich inzwischen bis ins Tassensortiment von Ikea vorgearbeitet und wurde möglich, weil ein Innovator Spülmaschinennutzer intensiv dabei beobachtete, wie sie die Spülmaschine ausräumten und angenervt Tassenböden nachwischten.

Im Design-Thinking-Workshop ist direkte Zielgruppenbeobachtung nur in Ansätzen möglich – aber doch deutlich intensiver als in anderen Workshop-Formaten üblich. Drei Videos von Menschen, die eine Spülmaschine ausräumen, wären im Vorfeld leicht gedreht. Bei Workshops mit Banken kann es sinnvoll sein, die Teilnehmer mit einem Notizblock ausgestattet für eine Stunde in die nächste Filiale zu schicken und aus unauffälliger Position heraus Kunden zu beobachten. Das unbekannte Wesen Kunde auf diese Weise zu erforschen, ist für die meisten Bankmitarbeiter eine sehr erhellende Erfahrung. Die Beobachter sind dann in der Regel fassungslos, dass sie in einer Stunde Privatkunden-Bankalltag keine einzige positive emotionale Reaktion gesehen haben. Gelacht hat in der Bank sowieso niemand. Für die Frage »Wie lässt sich im Privatkundengeschäft Abwanderung zu reinen Online-Banken reduzieren?« dürften diese Beobachtungen hilfreich sein. Im Projekt wäre der nächste Beobachtungsschritt, einen Stammkunden, einen potenziellen Kunden und einen überzeugten Online-Banking-Kunden einen ganzen Tag lang »als Schatten« zu begleiten und sehr gezielt zu analysieren: Wo hat er im

Tagesablauf Berührungspunkte, die Kontakt mit seiner Bank sinnvoll machen würden?

Direkte Befragungen zu Nutzerverhalten, Kundenbedürfnissen oder -erwartungen können natürlich weiter von großem Wert sein. Design Thinker führen Interviews aber im Unterschied zu klassischen Marktforschern immer zu zweit: Einer stellt die Fragen, der andere beobachtet. Auch eine Videokamera sollte mitlaufen. Die interessantesten Erkenntnisse ergeben sich an den Stellen im Interview, an denen Körpersprache, Stimme oder Mimik nicht zum Inhalt des Gesagten passen. Denn an diesen Stellen finden sich oft die echten Schwachstellen oder tief empfundenen Kundenbedürfnisse, die das Tor zu Fortschritten mit erheblicher Inventionshöhe öffnen.

Ein anderes, im Workshop ebenfalls gut einsetzbares Hilfsmittel zur Kundenbeobachtungen sind Fotodokumentationen der Zielgruppe. Die Workshop-Organisatoren bitten dafür potenzielle oder tatsächliche Kunden oder Nutzer, ihren Tagesablauf mit ein oder zwei Fotos pro Stunde festzuhalten. Das Team wird in diesem Fall mit den Bilderserien konfrontiert, nachdem es in der ersten Prozessstufe das Problem analytisch erfasst hat. Wir haben es noch nie erlebt, dass eine vermeintlich verstandene Fragestellung durch Bilderserien keine zusätzliche Dimension gewonnen hätte, die zuvor niemand auf dem Radar hatte. Manchmal verändert sie die Denkrichtung auch vollkommen, oder anders formuliert: führt zu einer vollkommen neuen Perspektive, unter der die Gruppe das Problem angehen möchte. Womit wir beim dritten Prozessschritt wären: den Standpunkt (neu) zu bestimmen.

Auf den Punkt gebracht ist der *Point of View* eine ausformulierte Frage. Diese Fragestellung beinhaltet oft die klassischen W-Fragen, die Journalistenschüler aus dem Aufbau einer Zeitungsmeldung kennen: Wer? Wie? Was? Wann? Wo? Warum? Der Standpunkt darf, wir erinnern uns an das Meeting, keine Aufgabe sein, die den Lösungsweg bereits in sich trägt. Aber sie muss ein konkretes Problem beschreiben, sodass der *Ideation Process*, die Ideenfindung, auch zu konkreten Lösungsansätzen führen kann.

An dieser Stelle im Prozess findet sich eine Parallele zur Arbeit klassischer Produktdesigner: Die Stärke von klassischen Designern besteht darin, innerhalb von gesetzten Leitplanken nutzerorientierte Lösungen zu finden. Die Leitplanken werden aber erst aufgebaut, nachdem Designer die Fragestellung gedanklich für sich geöffnet und wieder verengt haben. Bildlich gesprochen ergibt sich daraus für den klassischen Designprozess ein *doppelter Diamant*.[18]

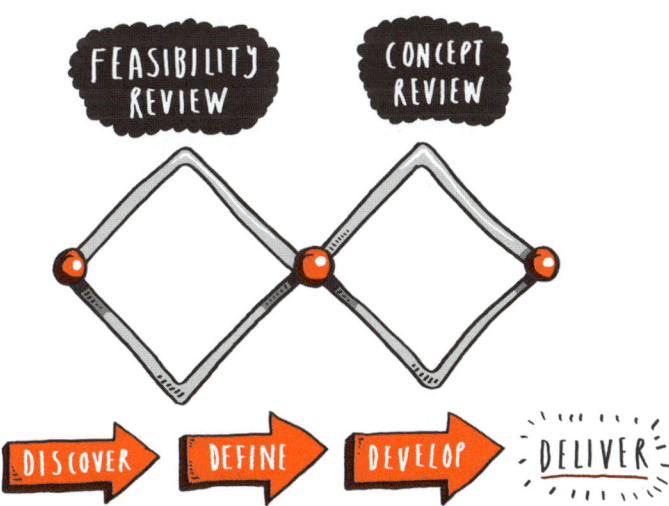

Originalabbildung:
Design Council, UK.
www.designcouncil.org.uk

Beim sogenannten »Brief« redefinieren Designer und Auftraggeber gemeinsam die Anforderungen an das Projekt, sodass am Ende ein Produkt mit Mehrwert für den Kunden herauskommt. Dieser Analogie folgend, setzt sich ein Design-Thinking-Team mit der Standpunktbestimmung auf Prozessstufe drei selbst die richtigen Leitplanken, um produktiv in die Phase der Ideenfindung springen zu können. Und sich gedanklich ein zweites Mal zu öffnen, nur diesmal eben lösungsorientiert.

Eine der wichtigsten Methoden des Designs ist die Visualisierung. Wir nutzen diese Methode, um Räume zu inszenieren. Diese Räume haben die Aufgabe, die Ideenfindung zu beflügeln. Während eines Meetings geht der Moderator in die Rolle des Harvesters und versucht, Bilder und Aussagen herauszuarbeiten. Diese Aussagen werden dann gut sichtbar an die Wände gehängt. In Workshops legen wir die Agenda so an, dass Ergebnisse entstehen, mit denen wir den Raum ausgestalten können. Zum Beispiel lassen wir die Design-Thinking-Regeln zeichnen, dann reinzeichnen und dabei vergrößern. Diese Scribbles hängen wir dann an die Wand.

Der Raum bestimmt dann die kollaborative Atmosphäre. Die gezeichnete Aufforderung »Sei wild!« lässt Menschen mutiger werden. Analog zwingt die Aufforderung »Avoid Critic« zu einer höheren Reflexion et cetera. In Projekten bauen wir ganze »Mood Rooms« auf, die nur den Zweck haben, die Ergebnisse, die wir erzielt haben, die Erkenntnisse, die wir gewonnen haben, erleb- und erinnerbar zu machen. Gute Mood Rooms schaffen es, die Erkenntnisse auf der emotionalen Ebene zu transportieren, und bieten die Möglichkeit, Argumentationsketten (Rationalität) und Fakten zu erlernen.

Wer Design Thinking in einer Organisation verankern möchte, sollte zunächst einen Raum einrichten, der den Spirit der Veränderung in sich trägt. Die Swisscom macht in ihrem Hauptgebäude in Bern vor, wie es geht.

Wie funktionieren diese Räume, was passiert dort? Die Grafik zeigt den typischen Aufbau eines Raums für einen Design-Thinking-Workshop. An einer Wand werden die Regeln präsentiert, an einer anderen die *Personas*, vielleicht vor dem Hintergrund einer *Customer Journey*. Dann kommt eine Wand mit den Kriterien, die als Anforderung an die Lösung erarbeitet wurden. Alles ist ansprechend aufbereitet, aber nicht »overdesigned«.

Wir arbeiten nun in diesem Raum weiter. Wir machen
nun Pausen in diesem Raum. Wir machen Führungen.
Gerade die Pausen bringen immer wieder Ergebnisse. Während wir abschalten, verarbeitet unser Gehirn die Informationen weiter und stellt Zusammenhänge her. Wenn wir
abgelenkt sind, probiert es Neues aus. Es ist im Wortsinn
kreativ – es schöpft Neues.

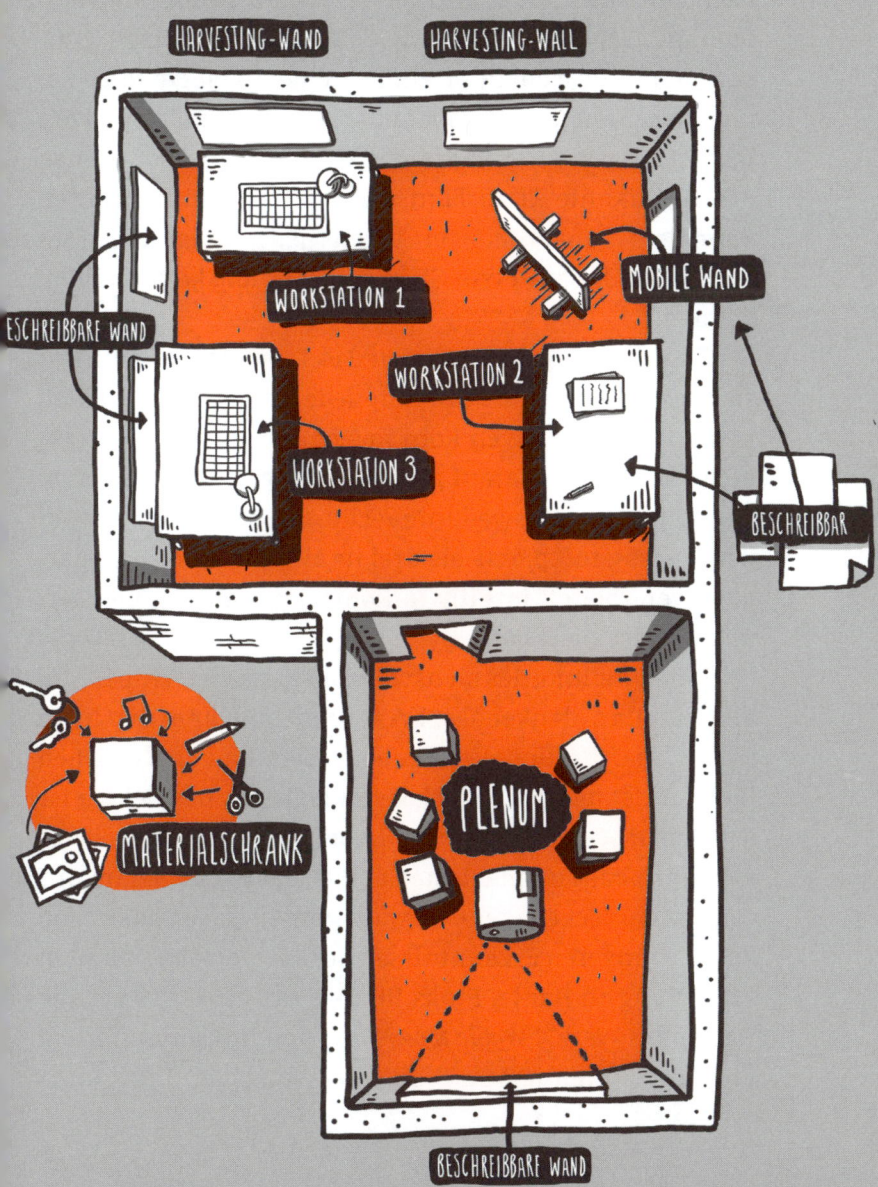

TOOL

4

Von der Ideation zur Evaluation

Wir suchen eine wirklich gute Idee, die eine Lösung für unser Problem in sich trägt. Dazu brauchen wir zunächst viele Ideen. Im Design Thinking gelten an dieser Stelle die gleichen Grundregeln wie beim klassischen Brainstorming. Die Gruppe muss zunächst mit hoher Geschwindigkeit möglichst viele Ideen aufschreiben, oder noch besser aufmalen. Es gibt Teams, die sprudeln nur so vor Ideen, nachdem sie die Prozessstufen Verstehen, Beobachten und Standpunktbestimmung durchlaufen haben. Diesen Gruppen muss der Moderator einfach eine Zeitvorgabe geben und sie laufen lassen. Den anderen hilft zum Beispiel ein inspiratives Wettrennen auf die gedanklichen Sprünge, das sogenannte *Race*: Fünf Ideen bitte in fünf Minuten aufmalen! Danach hängen bereits jede Menge Ideen an der Wand, die das erste Glied für Iterationsketten bilden können.

Enge Zeitvorgaben bringen das Team dazu, abseitiger zu denken. Oft sagen Teammitglieder mit Ideen, die einen besonders innovativen Kern in sich tragen: »Ich weiß gar nicht, warum ich darauf gekommen bin, aber ...« Sie sind darauf gekommen, weil ihre rechte Gehirnhälfte während der Prozessstufen eins bis drei im Hintergrund Informationen verarbeitet, intuitiv in Kontext gestellt, ästhetisiert und mitassoziiert hat.

Die Aufteilung des menschlichen Hirns in rechte Hälfte als simultan denkendes Kreativzentrum und die linke Hälfte als Ort rationalen, sequentiellen und analytischen Denkens ist natürlich stark vereinfachend. Das Gehirn ist, wie der DNA-Decodierer und Nobelpreisträger James Watson sagt, »das komplexteste Gebilde, das wir bisher im Universum entdeckt haben«. Es wäre wohl richtiger, basierend auf den jüngeren Erkenntnissen der Hirnforschung und in Anlehnung an Daniel Pinks für Design Thinker richtungsweisendes Werk *A Whole New Mind*[19] von linksorientiertem und rechtsorientiertem Denken zu sprechen. Doch ohne in die Tiefen der Neurowissenschaft einzutauchen: Nach einem guten Brainstorming zu Beginn der Ideenfindungsphase wird offenkundig, dass scheinbar beliebige Assoziationen eben nicht beliebig sind, sondern ihre Wurzeln in den ersten drei Design-Thinking-Schritten haben.

Wenn wir an dieser Stelle auf die Kraft der Methode vertrauen, haben wir die Chance, wirklich neue Ideen zu ernten. Denn dann entdecken wir jene Lösungen, die am Rande des Fokus liegen, aber eben dennoch direkt mit dem Problem und dessen Lösung verknüpft sind.

Es ist – wie bei jedem guten Brainstorming – die Aufgabe des Moderators, jede vorschnelle Bewertung von Ideen zu unterbinden, insbesondere durch die (vermeintlichen) Experten im Team. Umgekehrt gilt, dass wir uns in der Unternehmenspraxis mit disruptiven Ideen so schwertun, weil der Ideenfindungsprozess an Experten delegiert wird oder durch Unternehmenshierarchien blockiert ist. Ein Design-Thinking-Workshop ist für viele Unternehmen die Chance, diese Blockaden bewusst zu durchbrechen. Umso wichtiger ist es, an der Stelle den Grundprinzipien der Methode treu zu bleiben. Wenn es dem Moderator nicht gelingt, bei der Ideation volle Ergebnisoffenheit herzustellen, kann sich das Team den ganzen Aufwand eines Design-Thinking-Workshops sparen.

Manchmal klemmt die Kreativmaschine aber auch trotz sauber durchgeführter Vorbereitung durch Verstehen, Beobachtung und Standortbestimmung. In dieser Situation können drei Kreativbeschleuniger Wunder wirken.

► Freie Bildassoziationen

► Ideenrundlauf

► Storytelling

Ende der 1960er Jahre führte ein junger britischer Kognitionswissenschaftler der Universität Cambridge den

Begriff des »lateralen Denkens« in den wissenschaftlichen Diskurs ein.[20] Dass Edward de Bono damit das Innovationsmanagement der kommenden fünfzig Jahre prägen und selbst zum Weltstar der Innovationsberatung aufsteigen würde, konnte er damals wohl selbst nicht ahnen. De Bono hat das Querdenken als Kern seines gedanklichen Gerüsts immer wieder kreativen Remixes unterzogen und dabei auch Design Thinker stets inspiriert. Freie Bildassoziationen gehören dazu.

Die Methode ist kein Hexenwerk: Emotionale Bilder müssen bezogen auf die bearbeitete Fragestellung von der Gruppe assoziativ kommentiert werden. Als Ausgangsmaterial nutzen wir dazu gerne die Plattform Pinterest.com, die sinnliche Bildeindrücke von Nutzern aus aller Welt aggregiert. So auch bei einem internen Workshop, bei dem Partake Ideen zur Weiterentwicklung der hauseigenen Dokumenten-Managementsoftware »Escriba« sammeln wollte.

Wissensmanagement mithilfe von IT-Werkzeugen ist keine wirklich sinnliche Angelegenheit. Bis zur Standortbestimmung waren wir gut durchgekommen, das Ziel einer deutlich stärker nutzerzentrierten Lösung (bei kleinen technischen Abstrichen, für Hardcore-Nutzer) war nach inhaltlichen Kämpfen zum Konsens gereift. Nur mit den Ideen taten wir uns schwer. Dann zeigte die Workshop-Moderatorin ein Klischee-Bild eines Südseestrands: türkisblaues Wasser, goldgelber Sand, Kokospalme von links ins Bild gebogen. Und einer sagte: »Dokumente sind doch eigentlich nur gut, wenn wir sie vergessen haben.« Das war der Durchbruch. Dokumente sollen sich so weit wie möglich von selbst erledigen. Rechnungen sollen sich selbst in der Buchhaltung ablegen, Routineanfragen auch per Routine beantwortet werden, ein Vertrag automatisch auf immer wiederkehrende Fallstrickklauseln untersucht werden. Das ist heute das Ziel der Escriba-Software. Die gesamte Entwicklungsarbeit arbeitet darauf hin – dank eines Klischee-Bilds.

Der zweite Kreativbeschleuniger, der Ideenrundlauf, führt viele von uns mit Körpergefühl zurück in die Jugend oder genauer auf den Schulhof. Einmal den Ball schlagen und weiter auf die andere Seite der Tischtennisplatte. Gedankliche Zeitreisen in die Kindheit oder Jugend sind eine klassische Übung bei der Entwicklung von Produkten mit emotionaler Komponente. Der große Unterschied der Design-Thinking-Variante zum Rundlauf beim Tischtennis ist: Niemand wird rausgehauen, sondern jeder hebt den anderen auf die nächste gedankliche Stufe. Das funktioniert so: Jedes Teammitglied schreibt oder malt eine Idee bezogen auf die Fragestellung auf eine Seite des Tisches. Dann rücken alle im Uhrzeigersinn eine Malstation weiter und bauen sprachlich oder bildlich auf dem auf, was sie auf dem Tisch sehen. Ideal für diese iterative Kreativübung sind beschreibbare Design-Thinking-Tische. Zur Not tut es auch wieder mit Papierbahnen bezogenes Konferenzraum-Mobiliar.

Eine dritte Verstärkungstechnik für Ideenfindung ist das *Storytelling*, die Narration. Wenn wir gedanklich geankert in den ersten Design-Thinking-Prozessstufen Geschichten freien Lauf lassen, assoziieren wir automatisch rund um die Lösung des Problems. Wir schaffen Figuren, die im Grunde genommen – meist unbewusst – prototypische Kunden oder Zielgruppen sind. In der Geschichte leben sie auf. Sie werden übertragen gesprochen »*begreifbar*« und führen uns oft zur Lösung.

Der Wunsch und die Fähigkeit, Geschichten zu erzählen, ist spätestens seit der Erfindung des Lagerfeuers tief in der menschlichen Kultur verankert.[21] Als Kleinkinder erschließen wir uns Sinnräume mit Bilderbuchgeschichten, in denen sich Raupen (nimmer-)sattfressen und dann zum Schmetterling werden. Da *Storytelling* uns in unserem

Innersten berührt, ist es für Design Thinking von besonderem Wert. Sozialisiert in massenmedialer Einwegkommunikation ist die Fähigkeit der Narration allerdings hier und da verschüttgegangen. Wir sind gespannt, ob sich das Lean-back-Problem durch Social-Media-Mehrwegkommunikation wieder bessert, aber bis dahin kann eine aus dem Improvisationstheater übernommene Kreativmethode dabei helfen, narrative Fähigkeiten wieder in Workshops wenigstens kurzfristig freizulegen.

Die Methode arbeitet – ähnlich wie emotionale Bilder aus dem menschlichen Zufallsgenerator von Pinterest – mit zufällig gewählten Begriffen. Die Anweisung des Moderators lautet dann beispielsweise: Erzähle eine Geschichte, die etwas mit der Lösung zu tun hat und in der die Begriffe Liebe, Essen und Fußball vorkommen. De Bonos laterale Denkmaschine beginnt umgehend zu arbeiten. Verblüffend lösungsorientierte Geschichten kommen auch heraus, wenn Moderatoren den Teammitgliedern für ihre Geschichte folgende inhaltliche Leitplanken setzen:

1. Erzähle eine Geschichte, die eine verklausulierte Lösung für das Problem in sich trägt.
2. Erzähle eine vollkommen absurde Geschichte, die überhaupt nichts mit der Lösung zu tun hat.

Bei Variante eins erleben wir immer wieder, dass eine gute Idee durch das Ratespiel des Teams eine umgehende Weiterentwicklung oder Härtung erfährt. Bei Variante zwei zeigt das bewusste und systematisierte Weglassen des Wesentlichen auf, was das Wesentliche überhaupt ist. Der Umkehrschluss, der im Kopf immer automatisch mitläuft, deckt dann auf, wie die Lösung in ihrem Kern, im Wortsinn gesprochen in ihrem »Wesen«, aussehen könnte.

Wie gesagt: Bei der Ideenfindung geht zunächst Quantität vor Qualität. Die prototypfähigen Ideen werden erst im nächsten Schritt herausgefiltert. Es ist eine wichtige Aufgabe des Moderators, den richtigen Zeitpunkt hierfür zu finden. Wenn Teilnehmer noch Ideen in der Hinterhand und das Gefühl haben, sie konnten diese nicht ins Rennen schicken, verbringen sie oft den Rest des Workshops in Passivstellung. Im schlimmsten Fall werden sie zu latent beleidigten Störern. Umgekehrt gilt, dass die Ideation nicht zur Wiederholungsschleife werden darf. Der Moderator muss also erspüren, wann wirklich nichts mehr substanziell Neues zu erwarten ist. Dann muss er in die Phase der *Ideenevaluation* an der Schnittstelle von Ideenfindung und Prototyping überleiten. Diese Bewertungsphase wird oft unterschätzt und findet in der Design-Thinking-Literatur so gut wie keine Beachtung. Das wundert uns, denn grundsätzlich gilt: Ideen verwerfen ist mindestens genauso wichtig wie Ideen generieren.

Warum ist es so schwierig, Ideen zu beurteilen? Weil wir Angst haben, das Potenzial einer Idee nicht zu erkennen und so die potenzielle Chance unseres Lebens vorbeiziehen zu lassen. Hinter einer guten Idee lauert der Erfolg. Nicht verstandene Idee werden vergessen. Wann lohnt der Aufwand, aus einer Idee einen Prototypen zu bauen? Es gibt leider keine zuverlässige Prognostik. Ausprobieren und dokumentieren, um zu iterieren, ist die einzig richtige Antwort. In unseren Sessions lösen wir das Problem, indem wir unterschiedliche Abstimmungsverfahren einsetzen.

Zwei Beispiele:

▶ Die Idee mit den meisten Stimmen und die mit den wenigsten Stimmen werden als Prototyp gebaut. Das Konzept des Außenseiters (Dark Horse) spiegelt sich hierin wieder.

▶ Die zweitbeste und die drittbeste Idee werden kombiniert. Jeder Ausschluss ist beliebig, aber auch unkritisch, da wir bei der nächsten Iteration eine andere Idee zum Prototypen machen können.

In Projekten nutzen wir etwas komplexere Bewertungsmethoden:

▶ Basiert die Idee auf einem beobachtbaren Missstand (False), einem unerfüllten Kundenwunsch (Want) oder sogar auf einem menschlichen Bedürfnis (Need), dann hat das Team in der Regel etwas Interessantes, Werthaltiges vor sich. Der Wert steigt proportional von False nach Need.

▶ Der zweite Ansatz stellt die Frage des »Warum« (Anlass) und erweitert diese um die Aspekte »Lösung« und »Wert« (Bedeutung). Mithilfe dieser drei Eckpfeiler lassen sich Ideen gut fassen und damit besser beurteilen. Die Grundlage hierfür ist das sogenannte D'Artagnan-Prinzip.

LÖSUNG --- IST NICHT --- ANLASS

IST — IDEE — IST

IST NICHT — IST NICHT

IST

WERT

Eine gute Idee steht im Spannungsfeld von drei Knoten:
Warum tun wir etwas (*False, Want, Need*), wie tun wir etwas
(Beschreibung, Lösung) und welche Bedeutung hat das Tun.
Wenn es gelingt, die drei Aspekte zu separieren und darüber
die Idee zu schärfen, dann ist sie die Zeit und Energie wert,
einen Prototypen zu bauen.

*Abbildung nach Sabine Fischer,
www.its-immaterial.com*

TOOL

5

Prototypen im Schnelltest

Wenn Innovationsmanager den Begriff »Prototyp« in den Raum stellen, dann meinen sie ein Auto, das unter Ausschluss der Öffentlichkeit schon ziemlich gut fährt. Sie sprechen von einer Solarzelle, die schon ziemlich viel Lichtenergie in Strom wandelt, oder eine Software, die gerade von einer ausgewählten Gruppe von Beta-Testern auf Herz und Nieren geprüft wird. Mit Prototyp meinen sie ein technisches Werk, dass sich gerade im Probelauf befindet und hoffentlich gute Chancen hat, in absehbarer Zeit in die Produktion zu gehen. Funktionale Prototypen sind Meilensteine im Produktentwicklungsprozess. Sie sind unverzichtbar. Aber im Design-Thinking-Workshop haben wir weder die Zeit noch die Mittel, um sie zu bauen.

Der IDEO-Designer Tim Brown geht in seinem anekdotischen Buch *Change by Design* die Sache basaler an: »Prototyping gibt Ideen eine Form, die uns hilft zu lernen, zu bewerten und auf ihr aufzubauen.«[22] Dafür braucht man nicht zwingend fliegende Drohnen im Maßstab eins zu fünf. Manchmal reichen eine zufällig herumliegende 35-mm-Filmdose, ein Filzschreiber und eine halbe Rolle Tesafilm. Daraus entstand in einem IDEO-Workshop mit Chirurgen der pistolenartige Prototyp eines minimal invasiven Instruments für Operationen im Bereich der Nasennebenhöhlen. Dem Bau dieses Artefakts, wie ihn auch ein Fünfjähriger hätte bauen können, war eine längere Diskussion vorausgegangen. Einer der Chirurgen, eine Koryphäe seines Fachs, aber kein Wortkünstler, hatte versucht zu beschreiben, mit welchen Handgriffen er bei der Operation vorgeht und welche Form sich daraus für ein entsprechendes Werkzeug ergeben müsste. So richtig folgen konnte ihm niemand am Tisch. Doch als die provisorisch gebastelte Spielzeug-Nasennebenhöhlen-Kanone auf dem Tisch lag, waren alle gedanklich eingefangen – und die Diskussion auf die nächste Ebene katapultiert.[23]

Funktionale Prototypen gehören bei größeren Design-Thinking-Projekten zum Pflichtprogramm. Im Workshop machen sogenannte konzeptionelle Prototypen die in der Findungsphase generierten Ideen verständlich, erlebbar und/oder tangibel. Konzeptionelle Prototypen regen die Vorstellungskraft an und machen eine Idee bereit für einen Schnelltest im Gruppen-Feedback. Dabei geht es aber eben noch nicht um die Frage der technischen Machbarkeit oder ob die Organisation die Mittel hat, ein solches Produkt in Masse zu einem günstigen Preis herzustellen, oder alle anderen Fragen selbstlimitierender Negativität, die Innovation im Keim erstickt. Auf den Punkt gebracht geht es nicht um die Frage: »Können wir beamen und wenn ja was, würde es kosten?« Beim konzeptionellen Prototypen geht um die Frage: »Ist Beamen eigentlich cool?«

Für Workshop-Situationen bieten sich drei unterschiedliche Formen des Prototyping an:

▸ gebaute Szenarien oder Artefakte,

▸ Rollenspiele/künstlerische Darstellungsformen,

▸ gelernte Standardformate.

Die Innovationslabors von IDEO gleichen einer Mischung aus Lego-Land und Bastelladen, der auch beim ambitioniertesten Mitglied der in den USA boomenden Do-it-Yourself-Bewegung keine Wünsche offen ließe.[24] Grundsätzlich gilt im Design Thinking: je mehr Bastelutensilien, desto besser. Aber für das Format Workshop sind eine große Kiste Lego, ein mittlerer Haufen Playmobil, etwas Fischer-Technik, Pappen, Filz- und Wachsmalstifte, Kartons, Post-its und Kärtchen in diversen Farben, Packpapier, ein paar Kilo Knetmasse, ausreichend Scheren, Klebebänder, Stoffreste, Schnüre, Schleifen und ein Packen alter Zeitschriften ein guter Anfang. Kurzum: Es sollte genug Material vorhanden sein, um den Schuhladen der Zukunft, einen Straßenzug mit intelligenter Parkplatznutzung oder eine Verpackung für das Starter-Kit eines Intra-App-Store rudimentär zu entwerfen.

Letzterer entstand in einem Workshop mit der Mergers-&-Acquisitions-Abteilung eines sehr großen Automobilherstellers, bei dem sich eine Untergruppe von vielreisenden Mitarbeitern darüber Gedanken machte, wie für ihre Arbeit wichtige Funktionen des Intranets für sie über mobile Endgeräte zugänglich werden. Der Konzern ist Blackberry-Terrain. Die Idee eines »Intra-App-Stores« entwickelte die Untergruppe ohne größere IT-Kenntnisse, sondern eher mit den Nutzungsgewohnheiten ihrer privaten Smartphones und Tablet-PCs anderer Hersteller im Hinterkopf. Die Produktpackung, ein alter Karton, war schnell mit Produktnamen und gewünschten Systemanforderungen beschriftet. In den Karton wanderten in Form von bunten Kartonquadraten mit App-typisch abgerundeten Ecken die gewünschten Applikationen. Die wichtigste war eine bestimmte Datenbankabfrage zu Unternehmenskennziffern der Konkurrenz.

Für ihren Ideen-Pitch im Plenum aller Workshop-Teilnehmer wählte die Gruppe wiederum eine szenische Darstellungsform. Zwei »Verkäufer« spielten überzogen reißerisch eine Shopping-TV-Kanal-Szene, in der das Produkt »Intra-App-Store« über den grünen Klee gelobt wurde. Die beiden Präsentierenden zogen dabei eine Funktion nach der anderen aus dem Karton, forderten auf, jetzt schnell anzurufen, um noch zwei Apps gratis dazuzubekommen. Zudem taten sie so, als ob der Intra-App-Store bald ausverkauft sei. Die ironisierende Übertreibung der Darstellungsform stand in Kontrast zu dem Gefühl bei vielen im Raum: So eine App hätte ich wirklich gerne, wenn ich am Flughafen sitze, auf dem Weg zu einer Akquisitionsverhandlung bin und noch schnell etwas nachschauen möchte. Der Ideen-Pitch erntete nicht nur viele Lacher. Der

Hauptabteilungsleiter gab noch in dem Workshop das Budget frei, die Unternehmens-IT mit dem Bau eines funktionalen Prototypen zu beauftragen.

Szenische Darstellungsformen und Rollenspiele eignen sich auch und vor allem als Prototypen, um Service-Designinnovationen oder Interaktionsmuster innerhalb von Organisationen begreifbar zu machen. Verkäufer interagieren mit Kunden, Führungskräfte mit Mitarbeitern, Callcenter-Mitarbeiter mit Ratlosen. Angeblich ist der markenprägende Claim von Ebay Deutschland »Drei, zwei, eins … meins!« ein Abfallprodukt eines Rollenspiels, bei dem Ebay-Mitarbeiter eine Auktionssituation nachgespielt haben. Bei dem Onboarding-Workshop der Unternehmensberatung spielte eine Untergruppe eine (gefakte) Videobotschaft vor, in welcher der CEO des Unternehmens jeden Frischling persönlich willkommen heißt. Während der Präsentation im Plenum war es mucksmäuschenstill. Das ist ein sicheres Zeichen, dass eine Idee groß ist. Gleiches gilt, wenn die Zuhörer aus tiefen Herzen lachen oder ernsthaft betrübt oder bewegt sind. Denn dann wohnt der Idee ein sogenannter *Emotional Trigger* inne.

Die Suche nach dem *Emotional Trigger*

Nichts beeinflusst unser Verhalten so stark wie unsere Gefühle. Aus medizinischer Sicht können *emotionale Trigger* in positiver Wirkung die Heilung beschleunigen, in negativer Anfälle auslösen. Bezogen auf Produktdesign und Vertrieb ist ihre Wirkung dankenswerterweise weniger dramatisch. Aber ähnlich stark.

»Ein emotionaler Trigger kann jedes Ereignis sein, echt oder nur imaginiert, das starke Gefühle hervorruft. Diese Gefühle sind der Grund, warum sich Verbraucher in einer bestimmten Form verhalten oder starke Überzeugungen entwickeln«, definieren Linda Goodman und Michelle Helin in *Why Customers Really Buy*.[25] Die sinnliche Erläuterung dazu liefert eine Szene in der ersten Staffel der

Marketing-Nostalgie-TV-Serie *Mad Men*. Der Werber-Held Don Draper vermittelt in ihr die Kraft des emotionalen Triggers mit einer emotionalen Energie, die mindestens der Hälfte der Zuschauer die Tränen in die Augen drücken dürfte.

Draper hat die Aufgabe, für Kodak einen neuen, technisch innovativen Diaprojektor mit kreisförmigem Diamagazin in den Markt einzuführen. Der technische Mehrwert des Produkts besteht (historisch korrekt) darin, dass sich das Magazin seltener verklemmt. Don Draper projiziert während der Präsentation Bilder seiner eigenen Familie an die Leinwand. Er klickt und klickt, vor und zurück. Und sagt: »This device isn't a spaceship, it's a time machine. It goes backwards, and forwards ... it takes us to a place where we ache to go again. It's not called the wheel, it's called the carousel. It lets us travel the way a child travels – around and around, and back home again, to a place where we know we are loved.«[26]

Die fiktive Szene inszeniert einen magischen Moment für die so einfache wie bekannte wie wahre Marketing-Binse Zig Ziglars: »People buy on emotion and than they justify with logic.« Die Szene könnte auch in einem Design-Thinking-Workshop spielen. Das hört sich übertrieben an? Bei einem Workshop mit einer großen Gewerkschaft und einem Arbeitgeber-Branchenverband war kürzlich die Problemstellung, einen höheren Organisationsgrad der Mitarbeiter zu erzielen. Denn gewerkschaftlich organisierte Mitarbeiter sind in dieser Branche nachweislich produktiver. Als Prototyp ihres Konzepts sangen der Vorsitzende der Gewerkschaft und der Vorstandvorsitzende eines Konzerns am Ende gemeinsam ein Lied mit der leicht ironischen Hookline »Tonight, tonight, I am dreaming of a strike«. Nach dem Schlussakkord war erst einmal Schweigen im Raum. Dann Beifall. Und allen war klar, wie es gehen könnte.

In einem Rollenspiel kann eine Bank herausfinden, welchen emotionalen Schubs ein Kunde braucht, um sein Konto endlich zu wechseln. Eine Versicherung kann Erkenntnisse sammeln, wie sie bei der Schadensregulierung im Callcenter wirklich und nicht nur behauptet zur kundenzentrierten Organisation wird. Ein Automobilhersteller kann erkunden, welche Hürden ein Inhaber eines Führerscheins ohne eigenes Auto überwinden muss, bevor er in Erwägung zieht, Carsharing-Kunde zu werden.

Kreative Ansätze beim Prototyping sind erwünscht. Sie dürfen aber nicht zur Zwangsjacke werden. Es gibt Gruppen und Teilnehmer, die fühlen sich mit einer schnell zusammengebauten Powerpoint-Präsentation wohler. Wir haben in einem Workshop einen Grafikdesigner erleben dürfen, der die Ideen seiner Gruppe mit technischer Routine binnen Minuten in unfassbar coole und verständliche 3-D-Animationen übersetzt hat. Auch ein einfacher Mock-up einer Kundenpuppe kann in einem Marketing-Workshop das richtige, da schnelle Mittel für einen Prototypen sein. Je schneller wir einen Prototypen haben, desto schneller kommen wir zum Crashtest für die Idee – zum systematischen Feedback am Ende des Workshops.

Das Feedback zu den Prototypen im Workshop ist die Reinzeichnung am Ende des Design-Thinking-Meetings: die Ernte von ein bis drei Tagen Kreativarbeit. Entsprechend sorgsam muss das Feedback durchgeführt und dokumentiert werden. Der Schnelltest des Prototypen wird nur von echtem Mehrwert sein, wenn im Feedback selbst die positiv-iterative Mechanik von Design Thinking zur Anwendung kommt. Die Haltung der Feedbackgeber muss dabei sein:

▶ *I like*: Es gibt kein richtig oder falsch. Es gibt nur Eindrücke. Ich drücke meine Wertschätzung für die Leistung des anderen aus und formuliere das Feedback immer aus meiner subjektiven Perspektive. Ich möchte mit

Feedback: I like. I wish. I give (ideas).

meinem Feedback die Idee unterstützen. Auch wenn ich die präsentierte Lösung insgesamt unausgereift halte, mache ich kenntlich: Ich glaube, dass es eine Lösung gibt.

▶ *I wish*: Ich beschreibe, was ich mir zusätzlich wünsche. Zum Beispiel um die Idee besser zu verstehen oder wie ich das präsentierte Produkt besser nutzen könnte.

▶ *I give (ideas)*: Ich speise Verbesserungsvorschläge ein, die auf der präsentierten Idee aufbauen. Je konkreter sie sind, desto besser.

Das bedeutet im Grunde eine konsequente Erweiterung der Kommunikationsregeln aus dem Meeting. Wir vermeiden implizite Kritik. Wir sagen nie: »Ja, aber ...«, sondern immer: »Ja, und ...« Der Satz »Im Grunde ist alles gesagt« ist ein Killer für jede produktive Feedbackrunde, denn er ist ein implizites Statement von Desinteresse. Implizite Kritik ist der sicherste Weg, den Vortragenden für das Feedback zu verschließen. Sie ist damit auch der sicherste Weg, die Chancen des Design-Thinking-Prozesses auf den letzten Metern des Workshops liegen zu lassen.

Umgekehrt gilt: Iteratives Feedback in positiver Tonalität erleichtert es der präsentierenden Gruppe, die richtige Haltung bei der Annahme eines Feedbacks zu entwickeln. Ein Feedback annehmen heißt zunächst einmal zuhören und danke sagen. Der Feedbacknehmer hat die Pflicht, bei Verständnisschwierigkeiten explizit nachzufragen. Und ihm muss vor allem bewusst sein:

Feedback ist nie falsch oder dumm, sondern immer wahr. Denn es ist eine subjektive Wahrnehmung.

Die Summe der persönlichen Perspektiven ergibt das Gesamtbild, auf dem es produktiv aufzusetzen gilt. Wenn die Idee im Kern gut ist, der Prototyp den Schnelltest überlebt, das Feedback Lust auf mehr macht, ist der Weg zum Design-Thinking-Projekt frei.

Der Kern der Massenproduktion
war die Planbarkeit.
Die im 20. Jahrhundert groß
gewordenen Unternehmen
kämpfen heute systemisch und
emotional damit, dass diese
Planbarkeit nicht wiederkommen
wird.
Design Thinking legt den Finger
in diese Wunde.

Tool 6: Workshop-Sample – Ein Best-Practice-Ablaufplan

Der hier vorgestellte Workshop zum „Onboarding" von neuen Mitarbeitern einer großen Unternehmensberatung (siehe auch Seite 60) ist ein klassisches Beispiel für einen vollständigen Durchlauf des Design-Thinking-Prozesses. Man benötigt dafür 1,5 bis 2 Tage und sollte pro Gruppe einen circa 15 Quadratmeter großen Raum zur Verfügung haben.

Begrüßung/ Agenda	Opener: AC/DC Warm-up 1: Frenetischer Jubel Plenum sitzend	Was kommt an den kommenden 2 Tagen auf uns zu?
Einführung DT	Plenum sitzend	Was ist DT? Wozu ist es gut? Ansprache mit »Du«
Warm-up	Stehend/Bewegung	Würfel werfen, 1 Würfel muss 1 Runde schaffen
Visual Talk	Stehend am Tisch Musik in mittlerer Lautstärke	Jeder in der Gruppe zeichnet in 3 Minuten jeweils 1 Bild zu jeder der 9 Design-Thinking-Regeln. Danach wird reihum Bild Nummer 1, 2, 3 ... vorgestellt und der Vorstellende sagt a) etwas über sich selbst und b) was er unter der Regel versteht.
1 month at work	Gruppensituation Stehend am Tisch/an der Wand Musik in mittlerer Lautstärke	8 Stationen identifizieren, aufmalen. Was waren eure eigenen Erfahrungen als neue Mitarbeiter? Was tut man als neuer Mitarbeiter? Wie fühlt sich das an? Was erlebt man als positiv/negativ? Was fandet ihr toll, wann wart ihr frustriert?
Pause ohne Handys	Sitzen/Working Lunch/leise	
Erklärung Persona	Plenum sitzend Warum-up 2: Amöbe	Im Plenum: Was ist eine Persona?

Persona-Übung	Gruppensituation/Einzelarbeit Stehend/Bewegung Musik in mittlerer Lautstärke	15 Minuten Bogen ausfüllen, 30 Minuten Persona basteln
Realitätscheck/ Zielgruppe	Sitzen/Beobachten Stehen/in der Diskussion keine Musik	Referenzgruppe füllt den Bogen aus, gibt Feedback zur Persona (ohne Präsentation), beantwortet Fragen
Pause ohne Handys	Sitzen/Working Lunch/leise	
Assets Race	Stehend am Tisch/Musik laut Stehend an der Wand/ohne Musik	Was können Assets eines Mitarbeiters sein? Quantität zählt! Erfahrung mit Race zeigt: 10 Ideen in 3 Minuten generieren ist normal. Wir geben euch 5 Minuten. Wie viele schafft ihr? Ergebnisse an Metaplanwand in Blume clustern
Erklärung Feedback	Plenum sitzend	
Präsentation Personas	2 Personen präsentieren/ sitzend/ohne Musik	Beide Gruppen präsentieren sich gegenseitig ihre Persona und geben Feedback
Erklärung der »Dinner-Aufgaben«	Plenum sitzend	Aufteilung in Zweier- bzw. Dreier-Teams. Eine Untergruppe arbeitet zum Thema: Was wäre der tollste erste Monat für einen neuen Mitarbeiter aus Sicht des neuen Mitarbeiters? Die andere Untergruppe zum Thema: Was wäre der tollste erste Monat für einen neuen Mitarbeiter aus Sicht des Unterneh- mens? Karten ausfüllen, je eine für jede Station (Bezug auf *1 month at work*) Reflektions-/Aufgabenkarten ausgeben mit Aufgaben wie etwa: »Bastle aus deiner Serviette etwas vom heutigen Tag, dein Nachbar muss erraten, was es ist.« Oder: »Was haben die Gabel und ein neuer Mitarbeiter gemeinsam?«

Warm-up	Bewegung/Musik/laut	Maschine
Refresh	Stehend am Tisch/ Musik im Hintergrund	Einordnung der Top-Month-Kärtchen in die Visualisierung des ersten Monats von gestern
Point of View (PoV)	Moderation am Tisch/ ohne Musik/konzentriert	Was ist ein PoV: Wer (Standpunkt), Emotion, Was (Inhalt, Designobjekt). Zum Beispiel: Was motiviert mich als Mitarbeiter meine Assets einzubringen? Welche Stationen muss ich als neuer Mitarbeiter durchlaufen, um begeistert meiner Arbeit nachzugehen? Was möchte ich als Arbeitgeber genau von meinem Mitarbeiter?
PoV entwickeln	Moderation am Tisch/ohne Musik/konzentriert	5 Minuten: Jeder entwickelt 3 mögliche PoV-Fragen. 5 Minuten: gegenseitig präsentieren in der Gruppe. 5 Minuten: Voting für einen PoV
Brainstorming zum PoV	Moderation am Tisch/ohne Musik/konzentriert	Mit Post-its, zunächst 1 Minute jeder für sich sammeln, dann vorstellen und aufeinander aufbauen Input »Motivationen des modernen Arbeitnehmers« Plenum Vortrag/ggf. mit Diskussion
Pause		
MashUpPoV	Gruppen ohne Moderation/ Musik/entspannt	Diskussion und Verbesserung der Ergebnisse
Begriffe für Randomizer entwickeln	Moderation am Tisch/Musik/ Flow	Jede Person schreibt je 1 Begriff auf zum Thema: größtes Abenteuer, Milchprodukt, Material, Hobby. Alle Begriffe auf die Drehscheibe kleben.

Storytelling	Moderation am Tisch/Musik/Flow	Gruppe in 2 Hälften teilen, jede Hälfte erstellt 3 Geschichten, mit je 4 randomisierten Begriffen und die Geschichte muss eine Antwort auf den PoV2 sein
Untergruppen stellen sich ihre Geschichten gegenseitig vor	Moderation am Tisch/ohne Musik/geführt	10 Minuten pro Gruppe
PoV	Bewegung/Musik/laut	Quantität zählt: Ihr müsst besser als gestern sein! Also mehr Ideen schaffen als gestern.
Verdichtung auf 1 Idee	Stehend an der Wand/Musik/leise	Welches ist die attraktivste Lösung? Voting, aus den 3 höchstbewerteten Ideen Mashup zu einer Idee
Challenge	Bewegung/Musik/laut	Identifiziert 5 Herausforderungen, an denen eure Idee scheitern könnte, und baut den Prototyp so, dass er sie löst.
Erklärung Prototyp	Plenum sitzend/entspannt	Im Plenum: Was ist ein Prototyp, was soll er leisten? Er soll darstellen, warum meine Lösung eine echte Lösung für ein reales Problem ist. Er macht die Idee kommunizierbar, über Roleplay, Spiel, Plakat, Muster ...
Prototyping + Working Lunch	Bewegung/Musik im Hintergrund	Die Gruppen arbeiten selbstständig an ihrem Prototyp
Präsentation	2 Personen präsentieren/sitzend/ohne Musik	Die Gruppen präsentieren sich gegenseitig ihre Prototypen
Feedback	Plenum sitzend/entspannt	I like, I wish, I give Resümee

PROJEKT:

DURCH BEOBACHTUNG ZUM ERFOLGSPRODUKT

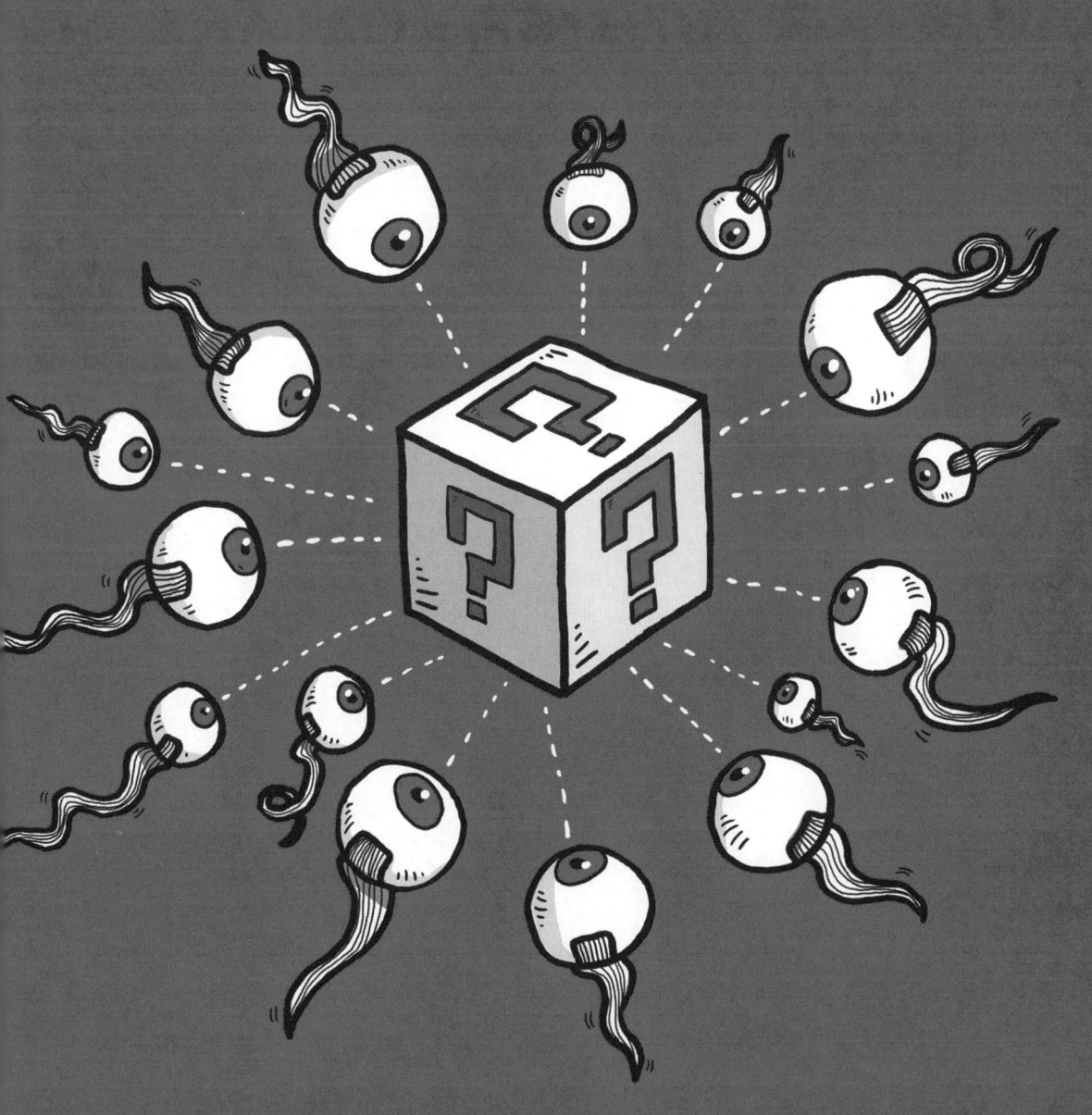

III. Projekt –
Durch Beobachtung
zum Erfolgsprodukt

Im Jahr 1997, das Internet begann gerade zum Massenmedium zu werden, hatten wir den Begriff Design Thinking noch nicht gehört. Da fragte die Abteilung Personalmarketing der Commerzbank eine Beratung bei uns an. Das Kurzbriefing lautete: »Wir haben zu viele Bewerbungen auf unsere Azubi-Stellen für Bankkaufleute. Wir brauchen dafür eine IT-Lösung. Bitte machen Sie etwas Modernes.« Aus einer eher lapidar formulierten E-Mail wurde ein Projekt, das wir über mehrere Jahre begleiten durften. Alle Beteiligten lernten währenddessen enorm viel. Die Commerzbank erlaubte uns, aus der Projektdokumentation eine Best-Practice-Studie zu machen. Auch in der Bank selbst machte der Fall als Musterbeispiel für erfolgreiche Prozessinnovation die Runde. Die Analyse im Rückblick lässt hingegen nur einen Schluss zu: Hätten wir damals schon mit Design Thinking gearbeitet, wären wir viel schneller und deutlich günstiger zum Ziel gekommen. Vermutlich hätten wir im Detail auch noch qualitativ bessere Lösungen entwickelt.

Im Schnelldurchlauf erzählt, passierte in dem Projekt Folgendes: Gemäß dem Briefing suchten wir nach einer technisch modernen Lösung, um jährlich 30.000 bis 40.000 Bewerbungen besser in den Griff zu bekommen. Bis dato wurden die Bewerbungen per Hand in Excel-Tabellen katalogisiert. Zwei mögliche technische Lösungspfade waren schnell identifiziert und auf Vorstandsebene präsentiert: Die Commerzbank könnte direkt auf Online-Bewerbungen setzen. Das Internet war damals aber noch ein leicht suspektes Gebilde, kein anderer Dax-Konzern nutzte damals Online-Bewerbungsverfahren, und so verwarfen die Entscheider diese Option. Aus der Aufforderung »Machen Sie etwas Modernes« entstanden dann technisch aufwendig vorkonfigurierte Disketten, große und kleine, die von allen gängigen Betriebssystemen gelesen werden konnten. Ähnlich wie bei Online-Bewerbungen heute sollten die

> Businesspeople are from Mars, designers are from Venus.
>
> HARTMUT ESSLINGER,
> Design-Manager

Bewerber die wichtigsten Angaben wie Schulnoten, langfristige Karrierewunsch et cetera maschinenlesbar eingeben. Dazu gab es ein paar Freieingabefelder für den zweiten Blick.

Unsere Prognosen kamen zu dem Ergebnis, dass wir rund 150.000 Disketten in Umlauf bringen sollten, um auch wirklich den meisten potenziellen Bewerbern den digitalen Bewerbungsweg zu ermöglichen. Gleichzeitig rechneten wir hoch, wie viele Disketten-Lesegeräte die Bank brauchen würde, die eingehenden Bewerbungen auch in die Firmenrechner einlesen zu können. Schnell war klar, dass man dazu Multi-Lese-Geräte brauchte, die es aber so nicht auf dem Markt gab. Also ließen wir von einem Elektronikunternehmen monströse Laufwerktürme mit 150 Disketten-Schlitzen konstruieren, die auch technisch einwandfrei funktionierten. Als nach rund anderthalb Jahren die technische Lösung stand, brachte die Bank die Disketten im Umlauf. Sie wurden vorrangig an Schulen verteilt und lagen in jeder Commerzbank-Filiale aus. Insgeheim hoffte man, durch die »moderne Lösung« überdurchschnittlich gute Bewerber anzuziehen.

In der ersten Runde reichten bundesweit gerade einmal fünf Bewerber für eine Ausbildung zum Bankkaufmann ihre Bewerbung per Diskette ein. Wir wiederholen: FÜNF! Die restlichen 39.995 schickten weiterhin einen DIN-A4-Umschlag mit aufgeklebten Passbildern, handschriftlichen Lebensläufen und persönlichen Empfehlungen vom Handballtrainer. Alle waren schockiert. Die Fehleranalyse bei Bank und Beratern war ebenfalls schnell gemacht: Da musste ganz klar ein Vermittlungsproblem vorliegen. Die Disketten erreichten die Bewerber nicht. Ganz klar: Wir mussten den Werbedruck erhöhen! Das neue System besser erklären. Das tat die Bank mit viel Aufwand und Geld. Im nächsten Zyklus kam ein gutes Dutzend digitalisierter

Bewerbungen in der Personalabteilung an – und Personalmarketer wie Berater standen ziemlich ratlos da.

Unser Lösungsansatz, »zu viele Bewerbungen mit einer modernen IT-Lösung in den Griff bekommen«, hatte zu diesem Zeitpunkt gute Chancen, in die Hall of Fame (bzw. Hall of Shame) tragikomisch gescheiterter Beraterprojekte einzuziehen. Ein Wechsel der bankinternen Projektführung brachte die Wende. Und ohne dass einer der Beteiligten die Methode explizit kannte, kamen in den kommenden beiden Projektjahren eine Reihe von Design-Thinking-Prinzipien zur Anwendung.

Die Arbeitsbelastung der Personalverantwortlichen durch Bewerbungen stieg immer weiter. Deshalb schaltete sich die Führung der Abteilung Personalbeschaffung ein und redefinierte die Fragestellung. Oder besser gesagt: Sie machte die Aufgabe mit Lösungswegvorgabe (»Bauen Sie ein *IT-Tool*, mit dem wir Bewerbungen schneller abarbeiten können«) in eine offene Fragestellung um: Wie verbessern wir unseren Recruiting-Prozess für Bankkaufleute?

Vermutlich war es reines Glück, dass wir nach dem katastrophalen Zwischenergebnis eine zweite Chance bekamen. Vermutlich strengten wir uns deshalb besonders an, um nicht noch einmal so spät und (für den Kunden) so teuer zu scheitern. Zu Beginn der zweiten Projektphase war uns endlich klar, dass wir das Problem erst einmal verstehen mussten. Dass wir die internen Prozesse bei der Bearbeitung von Bewerbungen in der Zentrale und bei den regionalen Standorten unter die Lupe nehmen mussten. Und dass wir vor allem mit Bewerbern sprechen mussten, um ihnen einen Bewerbungsweg anzubieten, den sie auch anzunehmen bereit wären.

Im Nachhinein hört sich das alles trivial an. Aber bis zu diesem Zeitpunkt war niemand auf die Idee gekommen, den Prozess rückwärts, also vom erwünschten Ergebnis her zu denken. Und dabei drei banale Fragen zu stellen:

Wie viele offene Stellen gibt es bundesweit? Wie viele Bewerber müssen wir in die engere Auswahl nehmen, um die Stellen mit guten Leuten besetzen zu können? Welche Eigenschaften und Fähigkeiten haben die Azubis der letzten Jahrgänge, die sich zu besonders wertvollen Mitarbeitern entwickeln?

Zum Verständnis des Problems war es zunächst einmal sinnvoll, intern ein paar Zahlen zum Ist-Zustand zu recherchieren und ins Verhältnis zu setzen: Die Commerzbank bildete um die Jahrtausendwende deutschlandweit rund 380 Banklehrlinge aus. Bei genauerem Hinsehen bewarben sich auf diese Stellen nicht 35.000 bis 40.000 junge Leute, sondern sogar knapp 50.000 – und dies bei sehr ungleicher Verteilung auf die Standorte. Mit der Bearbeitung der Bewerbungen beschäftigten sich knapp 40 Mitarbeiter, aber keiner von ihnen wusste genau, welchen Anteil der Gesamtarbeitszeit dies beanspruchte. Um eine bis zu 15-seitige Bewerbung halbwegs aufmerksam zu lesen, braucht ein geübter Personalmitarbeiter rund zwei Minuten. Dank Erfassung der Manntage konnten wir aber leicht ausrechnen, dass eine der 50.000 Commerzbank-Bewerbungen damals im Schnitt nur zehn bis fünfzehn Sekunden geprüft wurde. Gespräche mit Mitarbeitern in vertraulicher Atmosphäre und Beobachtung am Arbeitsplatz bestätigten diese errechneten Erkenntnisse.

Das alles bedeutete schlichtweg: Trotz enormer Ressourcenallokation reichte es gerade einmal für einen flüchtigen Blick auf das Schulzeugnis. Auf dieser dünnen empirischen Basis wurden 3.000 Bewerber in ein erstes Assessment-Center eingeladen, von denen es 2.000 in eine zweite Runde schafften. Daraus wurden dann wiederum über Einzelgespräche 800 Bewerberinnen und Bewerber herausgefiltert, die ein Angebot erhielten. Von ihnen sagte dann rund die Hälfte tatsächlich zu. Gute Lösungen für Probleme sehen anders aus. Durch simple statistische

Berechnungen konnten wir nachweisen: Hätte man alle Bewerbungen in einen leeren Swimmingpool gekippt und mit einer langen Greifzange 1.140 (nämlich zu besetzende Stellen mal Faktor drei) herausgezogen, hätte die Bank durch Einzelgespräche alle Stellen mit sehr geeigneten Kandidaten besetzen können. »Sehr geeignet« hieß in dem Fall, dass mindestens ein Drittel aller Bewerber die Kriterien von überdurchschnittlich erfolgreichen Jungkaufleuten der letzten Jahrgänge aufwies.

Ähnlich verblüffende Erkenntnisse brachten Tiefeninterviews mit potenziellen und tatsächlichen Jobaspiranten hinsichtlich der Frage, wie sie sich bewarben und warum. Danach wussten wir, warum die doch eigentlich bequeme und »moderne« Diskettenlösung selbst bei computeraffinen Bewerbern keine Chance hatte. Die wichtigsten Ratgeber der Schüler bei ihren Bewerbungen waren die Eltern. Die wiederum rieten alle von so einer »oberflächlichen« Computerbewerbung ab mit dem Hinweis, dass eine konservative Institution wie eine Bank immer eine solide Bewerbungsmappe vorziehen würde, eine digitale Bewerbung also die Erfolgschancen sicher schmälern würde. Noch mehr überraschte uns die Aussage nahezu aller Interviewten: Die Entscheidung für eine Banklehre ist in ihren Augen eine Lebensentscheidung, und es wäre daher unwürdig, diese mit einem Computerbogen zu dokumentieren. Womöglich hat sich diese Einstellung in den letzten zehn Jahren geändert, aber nach den Interviews im Jahr 2000 wussten alle Projektbeteiligten: Wir können unsere Disketten-Lese-Türme getrost zum Elektronikschrott bringen.

Heute würden wir in einem ähnlichen Projekt versuchen, den Weg einer Bewerbungsmappe zu analysieren und genau zu beobachten, wo Stopper im Prozess eingebaut sind, die noch keiner bemerkt hat. So weit waren wir damals noch nicht, aber in der Rückschau ist offenkundig:

In dem Moment, als die Projektverantwortlichen auf Beobachtungsmodus (der Bewerber und der Mitarbeiter) umschalteten, wurde aus einer Ideenruine ein Projekt mit großem Mehrwert für das Unternehmen. Und im Ergebnis mit radikalen Änderungen im Prozess.

Nachdem das Problem durch Beobachtung neu definiert war, fiel die Ideenfindung sehr leicht. Nach wenigen kurzen Iterationsschleifen und Tests entschied die Commerzbank, ihren Vorauswahlprozess für Bankkaufleute in einem (externen) Personalservice-Center zu zentralisieren. Vier geschulte Personalmitarbeiter hatten fortan nicht mehr die Aufgabe, alle Bewerbungen von vorne bis hinten zu lesen (was ja vorher auch niemand getan hatte), sondern nach spezifischen Eigenschaften zu durchforsten. Die Analyse der erfolgreichen Lehrlinge der letzten Jahre hatte dabei durchaus kontraintuitive »Erfolgsanforderungen« hervorgebracht. So war zum Beispiel Kunst als Leistungsfach ein Hinweis auf gute Erfolgsaussichten, mittelmäßige Leistungen in Mathematik aber keineswegs ein Hindernis. Systematisch in die Betrachtung einbezogen wurde fortan die simple Kennziffer »Entfernung Heimatort zum Standort der Filiale«. Große Entfernung (mehr als 200 Kilometer) war nämlich ein sehr starker Indikator dafür, dass ein Bewerber eine Stelle unbedingt will und sich in aller Regel auch als Hochleister entwickeln würde. Auch Migrationshintergrund erwies sich statistisch als klar positiv zu wertendes Kriterium.

Unter dem Strich lautete das Projektergebnis: Vier Mitarbeiter erledigten die Auswahlarbeit von rund 40. Der Bewerbungsprozess wurde deutlich beschleunigt. Die Zufriedenheit der Standortleiter mit den Bewerbern, auch das wurde gemessen, stieg signifikant. Gleiches galt langfristig für Durchschnittsnoten der Azubis, Übernahmequoten und Loyalität der jungen Mitarbeiter zum Unternehmen. Die Projektverantwortlichen bei der Commerzbank bewiesen in dem Projekt nicht nur eine bewundernswerte Ausdauer (und Geduld mit uns Beratern), sondern auch den Mut, mit altgedienten Branchenwahrheiten zu brechen.

Das ist die zentrale Frage, die Design Thinking in einem Projekt beantwortet. Das kann ein neues, schnelldrehendes Konsumgut sein oder ein neues Monetarisierungsmodell für Gabelstaplerflotten. Eine Software-Bedienoberfläche, ein neues Leistungsangebot einer Nichtregierungsorganisation oder ein radikal verbesserter Unternehmensprozess. Ein Design-Thinking-Projekt kann in ein paar Wochen mit ein paar Dutzend Manntagen durchgeführt werden. Oder es kann zwei Jahre dauern, in denen jede Iterationsstufe des Design-Thinking-Prozesses mit einem oder mehreren Gruppenworkshops abgearbeitet wird. Manchmal zieht ein kleines Team ein Projekt von A bis Z durch. Manchmal wechseln Rollen und Beteiligte und am Ende bildet ein erheblich erweiterter Kreis das Gesamtteam. Das Ziel allerdings ist klar und nicht verhandelbar:

Funktion und Wirkung der Invention sind durch das Feedback der Anwender gehärtet und die Hürden zur Markteinführung beziehungsweise Anwendung sind bereits identifiziert. Am Ende des Projekts wissen Design Thinker auch, wie diese Hürden zu überwinden sind. Das hört sich gut an – in der Theorie.

Vom Reißbrett in die Welt aus Atomen geworfen werden die Dinge erfahrungsgemäß komplizierter. Diese Grundregel gilt leider auch im Design-Thinking-Universum. Führungskräfte, die zum ersten Mal ein Design-Thinking-Projekt aufsetzen wollen, stehen erfahrungsgemäß vor zwei mannshohen Hürden:

▸ Es muss ihnen gelingen, innerhalb der Organisation Unterstützung und vor allem Budget für das Design-Thinking-Projekt zu organisieren.

Das Ende von Projektmanagement (wie wir es kennen)

Was führe ich wie für wen ein?

Am Ende des Design-Thinking-Projekts muss ein konkretes Ergebnis stehen. Das kann ein tangibles Produkt, eine Dienstleistung oder ein neues Geschäftsmodell sein.

▶ Alle beteiligten Stakeholder müssen lernen, dass Design-Thinking-Projekte das exakte Gegenteil von Projektmanagement sind, zumindest von Projektmanagement, wie wir es kennen.

Darf eine Führungskraft eigenständig über größere Budgets verfügen und besitzt diese auch noch über die innerliche Unabhängigkeit, keine Angst vor interner Häme zu haben, sollte sie mit einer neuen Methode scheitern, ist der Boden für ein Design-Thinking-Projekt bereitet. Dies ist zurzeit zunehmend im innovativen Mittelstand der Fall, wo sich der Trend abzeichnet, dass Geschäftsführer und/ oder Entwicklungsleiter größere Design-Thinking-Testballons steigen lassen. In der Start-up-Szene mit digital getriebenen Geschäftsmodellen gehören Design-Thinking-Projekte oft zum Standardrepertoire. In der Welt der europäischen Konzerne sieht es etwas anders aus. Der Advokat des Teufels steckt in den Strukturen.

Bei der projektvorbereitenden Überzeugungsarbeit gegenüber hierarchisch höhergestellten Budgetverantwortlichen helfen drei Argumentationslinien.

▶ Zum einen sollte sich die Design-Thinking-affine Führungskraft eine Mappe mit Best Practices in der eigenen und den angrenzenden Branchen zulegen. Die Liste der Erfolgsbeispiele wächst kontinuierlich. Methodisch konservative und was das Budget angeht eher risikoaverse Vorgesetzte sollten mit folgendem Szenario konfrontiert werden: Viele andere nutzen die Methode bereits. Was passiert eigentlich, wenn die Methode so gut ist, wie sie von sich behauptet, unser Unternehmen aber gar kein methodisches Erfahrungswissen aufbaut?

▶ Ein zweites argumentatives Momentum liegt im iterativen Prozess selbst. Projektinitiatoren können mit

Fug und Recht behaupten: Selbst wenn das Projekt nicht so läuft wie gewünscht, werden auf jeder Prozessstufe wertvolle Erkenntnisse abfallen. Eine gute Strategie kann sein, nur Projektmittel bis zur Prozessstufe »Point of View« zu beantragen und zu vereinbaren, sich dann noch einmal zusammenzusetzen. Unsere Erfahrung mit diversen Großorganisationen ist: Die Einsichten durch die erste Beobachtungsschleife und das gewachsene Problemverständnis erübrigen meist weitere Überzeugungsarbeit. Oft spielt Geld (zumindest im Rahmen üblicher Projektbudgets) dann gar keine Rolle mehr.

▶ Der dritte wichtige Enterhaken ist ein Zauberwort mit rhetorischer Hochkonjunktur. Es lautet Customer Centricity, zu Deutsch: Kundenorientierung. So banal es klingen mag: Wer mit der Methode nicht vertraut ist, merkt oft nicht sofort, dass Design Thinking institutionalisierte Kundenorientierung ist. Im internen *Sales Pitch* für Design-Thinking-Projekte muss klar werden, dass dieses Projekt eine große Chance bedeutet, endlich einmal wirklich kundenzentriert vorzugehen – und dies nicht immer nur in der Tonalität von Berater-Bullshitbingo zu behaupten und wie eine Monstranz vor sich her zu tragen.

Die zweite große Herausforderung an Leiter von Design-Thinking-Projekten in Design Thinking unerfahrenen Organisationen ist: Das Umfeld versteht in der Regel nicht, dass die gelernten Methoden des Projektmanagements gerade nicht zur Anwendung kommen dürfen. Dieses Problem taucht in aller Regel in dem Moment auf, in dem ein Projekt genehmigt ist. Das bedarf einer näheren Betrachtung.

Projektmanagement im klassischen Sinn ist zugleich ein Absicherungshandwerk und eine Effizienzmaschine.

Der Projektmanager muss sicherstellen, dass eine Aufgabe in einer bestimmten Zeit mit bestimmten Ressourcen erledigt wird. Der Weg dorthin führt über Arbeitsteilung und Komplexitätsreduktion. Dazu wird die Aufgabe in Teilaufgaben gegliedert. Es werden Meilensteile definiert, an denen bestimmte Teilaufgaben erledigt sein müssen. Wenn die Ergebnisse nicht direkt feststehen, dann zumindest die Formate wie zum Beispiel eine Vorstandspräsentation in Powerpoint mit 20 bis 25 Folien, von denen üblicherweise die Hälfte mit quantitativen Daten gefüllt ist. Je größer Organisationen sind, desto stärker greifen Projektmanagement-Automatismen. Und desto wohler fühlen sich die Projektbeteiligten. Dagegen ist überhaupt nichts zu sagen. Unter der Voraussetzung, dass man sich mit dem Projekt auf bekanntem Terrain bewegt, die Lösung bekannt ist, es also Sinn ergibt, Aufgaben zu stellen, bei deren Lösung am Ende inkrementelle Verbesserungen herauskommen.

Noch einmal und weil es bei einem Projekt und den damit verbundenen Investitionen von Zeit, Geld und Mitarbeiterenergie so wichtig ist: Design Thinking ist eine Erkundungsmethode für unbekanntes Gelände. Es fragt nicht wie das klassische Projektmanagement: Was war und was machen die anderen? Es stellt eine offene Frage in Richtung Zukunft. Design Thinking ist spätestens im Projekt *geplante Unsicherheit*. Das Design-Thinking-Prinzip dazu lautet:

Don't plan. Trust and follow the process!
Vergiss den Plan. Vertraue dem Prozess und durchlaufe ihn!

Damit die Methode »das Neue in die Welt« bringen kann, wie es die Berater der Boston Consulting Group nennen,[27] darf das Problem nicht analog zur Aufgabe im gelernten Projektmanagement komplexitätsreduzierend kleingeschnitten und später wieder zusammengesetzt werden. Die Komplexität des Problems läuft auf jeder Iterationsstufe voll mit. Auf dem Weg zur Lösung wird jedoch alles für den eingenommenen Standpunkt Unwesentliche weggelassen. Dieses Element des Weglassens führt dann zu jenen disruptiven Lösungen, deren Brillanz in der Einfachheit liegt. Die Nutzeroberfläche des ersten iPhones ist hierfür ein viel zitiertes Beispiel. Im klassischen Projekt ist die Komplexität des Ergebnisses im Schnitt hingegen viel höher, da am Ende wieder viele kleine, arbeitsteilig erstellte Puzzleteile zusammengefügt werden – ohne Rücksicht darauf, wie gut sie wirklich zueinander passen.

Das Prinzip der inhaltlichen Ergebnisoffenheit geht beim Design Thinking zwingend einher mit formaler Offenheit bei der Präsentation der (Zwischen-)Ergebnisse. Präsentationsformate sind gedankliche Korsette. Wenn gesetzt ist, dass am Ende eine Powerpoint-Präsentation mit 20 bis 25 Folien bei einem hälftigen Anteil von quantitativen Daten steht, arbeitet ein kreatives Team vom ersten Projekttag an gegen dieses Format. Im Design-Thinking-Projekt gibt es auch keine Meilensteine, denn wie will man diese im Vorfeld definieren, wenn man nicht weiß, wohin der Weg führt? Es gibt nur Präsentationen von Zwischenergebnissen entlang der Iterationsstufen.

Wie wichtig und schwierig hierbei der Dokumentationsprozess bei Design-Thinking-Projekten ist, werden wir am Ende dieses Kapitels noch sehen. An dieser Stelle ist wichtig festzuhalten: Gute Dokumentation und regelmäßige Vorstellung der Zwischenergebnisse stellen sicher, dass die Iteration nicht zu Wiederholungsschleifen ohne Erkenntnis- und Entwicklungsgewinn wird.

Design Thinking managt einen Erkenntnisprozess auf hohem Komplexitätsniveau. Vor- und Rücksprünge sind nur möglich, wenn alle Beteiligten sich regelmäßig auf den aktuellen Stand der Dinge bringen können – und zwar ohne großen Zeitaufwand. Positiv gewendet gilt:

Das ist der springende Punkt und die eigentliche Stärke von Design Thinking in Innovationsprojekten.

Der klassische Führungsansatz, Unsicherheiten von Beginn an mit den Mitteln des Projektmanagements aus

Durch iterativen Erkenntnisgewinn wird die Unsicherheit auf dem Weg zu einer unbekannten Lösung immer weniger problematisch.

dem System zu nehmen, schüttet in Entwicklungskontexten das Kind mit dem Bade aus. In einem Design-Thinking-Projekt ist das Vertrauen in eine wohlerprobte Innovationsmethode die Antwort auf die immanente Unsicherheit jedes ergebnisoffenen Entwicklungsprozesses. Unsicherheit ist Teil des Plans, denn nur sie provoziert originelle Lösungen. Im Format des Projekts hin zu kunden- beziehungsweise nutzerzentrierten Innovationen gewinnt dabei eine Fähigkeit von guten Design Thinkern eine besondere Bedeutung: Beobachtungsgabe.

False, want, need

»You have to become the pussycat in the corner.« Diesen Rat gab der Literatur-Nobelpreisträger Saul Bellow seinen Studenten im Fach kreatives Schreiben an der Boston University. Angehende Literaten müssten zunächst »first-class noticer«, erstklassige Beobachter werden, bevor sie auch nur in Andeutung von literarischen Höhenflügen träumen dürften.[28] Das Bild von der Katze in der Ecke, deren Pupille jeden Millimeter des vom Wind getragenen Grashalms mitgeht, lässt sich eins zu eins auf Design Thinker übertragen. Hasso Plattner findet ein anderes schönes Bild aus dem Reich der wilden Tiere: »Am Schreibtisch kann man nicht herausfinden, wie der Orang-Utan denkt.«[29]

Im Workshop, wir haben es angedeutet, können Teilnehmer nur ein Gefühl für die innovative Kraft bekommen, die der Fähigkeit zu guter Beobachtung innewohnt. Im Projekt ist die Qualität der Beobachtung die Grundlage und der Treiber für die Qualität des Ergebnisses. Design Thinking, so wie wir es verstehen, nutzt bei der Beobachtung drei systematische Zugänge beziehungsweise Techniken:

▶ (Hypothesefreie) Beobachtung in realen Situationen,

▶ (künstliches) Schaffen von Beobachtungssituationen,

▶ (intensive) Auseinandersetzung mit der *Customer Journey*.

Das erste von Tom Kelleys zehn Gesichtern der Innovation ist der Anthropologe. Design Thinker aus aller Welt haben diese starke Bild des IDEO-Gründers übernommen, um zu beschreiben, was sie unter hypothesefreier Beobachtung verstehen.[30] Wir möchten es um das Bild eines erstklassigen Kriminologen ergänzen. Und das eines Reportage-Journalisten, der gerade keine Klischees reproduzieren will. Wenn sich diese Gattung erstklassiger Beobachter auf Feldforschung begibt, lautet die wichtigste Regel: Lass deine Vorurteile zu Hause. Das ist nicht leicht, wie jeder Anthropologe aus der Wissenschaftsgeschichte weiß. Die zweite Generation von Völkerkundlern in Polynesien kämpfte gegen die Südsee-Klischees, welche die erste Generation in die Welt gebracht hatte. In Innovationskontexten geht es uns ähnlich.

Natürlich nehmen auch wir unsere Umwelt immer durch einen Filter von Vorwissen wahr. Beobachtung im Mindset des Design Thinkings bedeutet, dass wir uns dieser Verzerrung ständig bewusst sind und ihr so gut wie möglich gegensteuern. Das Ziel muss sein, dass wir uns ohne Hypothesen im Hinterkopf in Beobachtungssituationen begeben. Kelley nennt diese gedankliche Haltung »Zen-like beginner's mind«.[31] Zumindest in Annäherung verwirklicht sieht der IDEO-Chef und Stanford-Professor diese Geisteshaltung bei einer Mitarbeiterin, die eine Patientin 48 Stunden lang bei einer Operation zur Einsetzung eines künstlichen Hüftgelenks begleitet hat – mit Einverständnis von Patientin und Krankenhaus versteht sich. Die Gesundheitssystem-Anthropologin verbrachte dabei nicht nur jede Minute der beiden Tage bei der Patientin, davon einige Stunden schlafend in einem Besuchersessel in der Ecke. Sie stellte auch ihre Videokamera so ein, dass sie sich jede Minute für ein paar Sekunden einschaltete.

Ein erwartbares Problem im Krankenhaus wäre wohl gewesen, dass die Patientin nicht ausreichend

FALSE

WANT

Aufmerksamkeit vom Personal bekommt. Der Zeitraffer-Zusammenschnitt des Videos und die Notizen der Beobachterin identifizierten jedoch ein ganz anderes Problem: Ständig kam irgendjemand ins Zimmer, ständig ging das Licht an und aus. Das Personal war bei Auslegung der Besucherregeln viel zu großzügig, da es dachte, die Patientin wolle diesen einen Besuch ganz gewiss noch sehen. Unter dem Strich waren Video und Kladde ein eindrückliches Dokument über absurd kurze Ruhezeiten.

Natürlich muss der hypothesefreie Beobachter sich immer darüber im Klaren sein, dass sich durch seine reine Anwesenheit bereits das Verhalten der Objekte der Betrachtung ändert. Eine kleine, für Studienzwecke genehmigte Kamera gerät beim Krankenhauspersonal unter Umständen schneller in Vergessenheit als ein Beobachter im Sessel mit Notizblock in der Hand. Gleichzeitig können die direkten Eindrücke eines guten Beobachters bei der Fehlersuche und Materialsammlung zum Ideen-Input Gold wert sein. Einen Ausweg aus diesem Dilemma kann eine Methode sein, die empirische Sozialwissenschaftler *teilnehmende Beobachtung* nennen. Die Idee dahinter ist, dass man beispielsweise das Sozialverhalten einer Gruppe von Obdachlosen in der New Yorker U-Bahn am besten versteht, wenn man sich eine Weile der Gruppe anschließt.[32] Dabei gilt die Grundregel: »So offen wie möglich – so verdeckt wie nötig.«[33] An diese Regel haben wir uns auch bei einem Design-Thinking-Projekt bei einem mittelständischen Hersteller von Polstergestellen gehalten.

Der Tischler hatte über Jahrzehnte eine wunderbare Wachstumsgeschichte als Zulieferer geschrieben und wollte nun ins Premiumsegment aufsteigen. Dabei stieß er, so die eigene Wahrnehmung, immer wieder an »irgendwelche Glasdecken«. Seit kurzer Zeit kämpfte der Hersteller mit einer zunehmend großen Zahl an Retouren, wofür seiner Ansicht nach »vermutlich Konjunkturzyklen«

verantwortlich waren. Eine Beraterin wurde daraufhin unter Wissen des Seniorchefs und weniger Führungskräfte als Ferienjobberin eingeschleust, und wenige Tage in der Firma reichten aus, um zu beobachten: Der Selfmademan und Seniorchef selbst war das Qualitätsproblem, da er in Sparfuchsmanier an vielen kleinen Effizienzstellschrauben drehte und seine Mitarbeiter dabei implizit unter Druck setzte, die von ihm selbst gesetzten Qualitätsstandards zu unterlaufen.

Jeanne Liedtka und Tim Ogilvie berichten in ihrem für die Praxis von Design Thinking extrem erhellenden Werk *Designing for Growth* über die Lernerfahrungen der Marktforscher eines großen Waschpulverherstellers. Mit diversen Kundenbefragungen hatten sie das Packungsdesign des Waschmittels optimiert, und die Box bekam nach mehreren Verbesserungsschleifen schließlich Bestnoten. Ihren Design-Thinking-Aha-Effekt erlebte das Unternehmen, als ein kleines Beobachterteam ein paar Erkundungstrips in die Waschküchen der Kunden machte, auf vielen Waschmaschinen seifenverkrustete Schraubenzieher fand und Hausfrauen wie Hausmänner schulterzuckend mitteilten: »Anders kriegen wir die blöde Verpackung ja nicht auf!«[34]

Natürlich werden mit Design Thinking die bewährten Methoden quantitativer Marktforschung nicht hinfällig. Auch auf die Gefahr hin, an dieser Stelle in das Wortfeld von Marketingplattitüden zu rutschen: Ziel der Beobachtung sowohl zu Beginn eines Design-Thinking-Prozesses als auch beim Prototypentest durch den Anwender ist es, einen 360-Grad-Blick auf den Kunden beziehungsweise auf den Nutzen zu erhalten.

Sowohl entwicklungsintensive als auch schnelldrehende Branchen haben in den letzten Jahren das Methodenset für Beobachtungen abseits des simplen Fragemodus erheblich erweitert und verfeinert. Das bewusste Schaffen von Beobachtungssituationen hat sich dabei zu einem Entwicklungstrend mit Car-Clinics der Autoindustrie, Futurestores der großen Retailer, Testrestaurants, Modellbankfilialen oder Kunden-Labors für Interfacedesign entwickelt. Datenbasierte Geschäftsmodelle haben es naturgemäß besonders einfach mit der Kundenbeobachtung, da in einer vollumfänglich digital vernetzten Konsumwelt die Kundendatenströme die Möglichkeit zur Echtzeitbeobachtung von Kundenverhalten als eine Art Abfallprodukt gleich mitliefern.[35]

Die Idee dahinter ist so simpel, dass man sich nur fragen kann: Warum ist das eigentlich ein junger Trend? In einer Befragung gibt niemand freiwillig zu, dass er zu dämlich ist, einen Ticket-Automaten zu bedienen. Oder der Nutzer ist wütend auf den Ticket-Automaten und macht das Gerät schlechter, als es ist. Auch die intensive Auseinandersetzung mit der *Customer Journey*, also die gezielte Erfassung und Analyse aller Kontaktpunkte, die ein Kunde mit einem Unternehmen hat, ist keine Erfindung aus den Labors von Design Thinkern. (Sie wird im Prozess übrigens oft an der Schnittstelle von Verstehen und Beobachten eingesetzt.)

Design Thinking stellt als Methode allerdings sicher, dass die Beobachtungsmaschine in der Praxis ihr Leistungspotenzial voll ausschöpft. Tom Kelleys *»Zen-like beginner's mind«*, die Vorurteilsfreiheit, ist hier einer von zwei Zugängen. Design Thinker sind darauf geschult, zu erkennen, in welcher Beobachtung eine Hypothese steckt. Oder anders formuliert:

Design Thinker machen aus implizit immer explizit.

Aus »IT-Leiter fahren Audi« wird: »Fahren IT-Leiter Audi?« Nur wenn wir die Hypothese in der Beobachtungsphase als Annahme des Betrachters enttarnen, können wir sie überprüfen. Wenn sie implizit bleibt, schleppen wir sie durch den gesamten Entwicklungsprozess mit – und entfernen uns vom Prinzip der Kundenorientierung. Denn die Annahme ist immer die Annahme des Entwicklers und eben losgelöst vom Verhalten einer Person, für die das Produkt oder die Dienstleistung bestimmt ist.

Zur Enttarnung von Hypothese und impliziten Annahmen bietet sich übrigens auch im Projekt an, *Personas* zu bauen. Die Überspitzung in klischeehaften Kundentypen legt das Offensichtliche frei.

Der zweite Zugang erfolgt über die Systematisierung von Beobachtung. Wenn ein als Praktikant eingeschleuster Design Thinker 30 oder 50 Kantinengespräche einer Führungskraft beobachtet, droht er in Material zu versinken. Es ist deshalb wichtig, im Vorfeld bestimmte Beobachtungsanker auszuwerfen. Das können bei einer Serie von Kantinengesprächen zu einer Qualitätsoffensive zum Beispiel sein:

► emotionale Reaktionen,

► besonders hohe Aufmerksamkeit,

► Zeichen von Langeweile,

► subtile Fluchtreflexe der Mitarbeiter,

► Gesprächsdauer.

Für den Beobachter ist es sehr hilfreich, vor der Beobachtung seine Erwartungen zu notieren. Indem er sie explizit macht, fällt es ihm leichter, sie bei der Beobachtung auszublenden. Nach der Beobachtung, auf dem Weg zur Bestimmung des *Point of View*, folgt dann eine Phase des doppelten Abgleichs, in der Sprache der Design Thinker »*Mapping*« genannt. Zum einen werden dabei die zuvor festgehaltenen Erwartungen abgeglichen, was auf ein erhöhtes Verständnis des Problems einzahlt, und noch einmal Hypothesen/Vorurteile/falsche Annahmen freilegt, die bis dato einer Lösung des Problems im Weg gestanden haben. Zum anderen müssen nun möglichst viele quantitative Daten herangezogen werden, seien sie selbst erhoben oder recherchiert und in Bezug auf die

Zählen, Messen, Wiegen sind feste Bestandteile des Design-Thinking-Erkenntnisprozesses.

Problemstellung aggregiert. Dies ist im Projekt mit seiner klaren Ergebnisorientierung hin zu einem neuen Produkt oder einer neuen Prozesslösung nahezu immer eine gewinnbringende Übung.

Design Thinking ist keine fluffig-unpräzise Kreativmethode, die messbare Aspekte der Beschreibung von Kundenrealität außen vorlässt.

Denn ein Blick in die Datentöpfe der mit Kennziffern beschreibbaren Wirklichkeit hilft, uns von systemimmanenten Denkfehlern zu befreien.

Design Thinker wissen die Datenschätze in großen Datenmengen zu heben. Was sie dafür allerdings leisten müssen, ist der vorurteils- sprich hypothesenfreie Blick auf die Zahlenkolonnen, wie ihn der Statistik-Nerd Douglas Hubbard in seinem durch und durch statistisch unterfütterten Buch *How to Measure Anything* propagiert.[36] In klassischen Projekt kommen Zahlen oft zum Einsatz, wenn eine bereits bekannte These gestützt werden soll. Hart formuliert könnte man das Selbstbestätigung von Vorurteilen nennen.

Im Design Thinking schafft die Summe aus qualitativen und quantitativen Beobachtungen die Basis, um ein Problem neu zu fassen und einen neuen Standpunkt zu entwickeln. Zwei besonders systematisch wertvolle Methoden in der Beobachtungsphase sind die bereits erwähnte *Customer Journey* und die *Value Chain Analysis* (mehr Informationen hierzu auf der Webseite beziehungsweise in der App zum Buch).

Besonders die Beobachtung der Kundenreise erlaubt es, den wahren Bedürfnissen der Kunden auf die Spur zu kommen. Denn sie scannt das Verhältnis von Kunde und Produkt auf drei Ebenen:

▸ *False* – ein Fehler im Produkt/Prozess.

▸ *Want* – ein unerfüllter Kundenwunsch.

▸ *Need* – ein grundlegendes Bedürfnis.

Will heißen: Im Zuge einer gut geplanten und durchgeführten *Costumer Journey* entdecken die Projektteilnehmer, ob Fehler im Produkt stecken. Damit lässt sich dann hervorragend inkrementelle Produktoptimierung betreiben. Auf der nächsten Stufe legt die Reise oft bis dato unerfüllte Wünsche des Kunden frei, was eine noch wertvollere Entdeckung sein kann. Denn unerfüllte Kundenwünsche sind immer eine gute Basis, ein neues Produkt zu entwickeln und einzuführen. Einen Rohdiamanten fördert ein Projekt zutage, das auf ein grundlegendes Kundenbedürfnis stößt, für das der Markt noch keine Lösung gefunden hat. Das sind die Sorte Entdeckungen, auf denen sich Unternehmen und Geschäftsmodelle aufbauen lassen. Wir werden am Ende des Buchs im Kontext der Design-Thinking-Innovationspyramide darauf zurückkommen.

In Dutzenden Projekten haben wir die Erfahrung gemacht, dass bei konsequenter Anwendung der skizzierten Regeln auf den Prozessstufen 1 bis 3 die losen Fäden für die Lösung bereits bei der Bestimmung des *Point of View* zusammenlaufen. Für Führungskräfte mit Projektverantwortung ist dabei wichtig zu beachten: Das Team muss diese drei Phasen zwar mit Sorgfalt durchlaufen, sie dürfen aber zeitlich nicht ausufern und das Team darf sich nicht in der Beobachtung verzetteln. Als Faustregel gilt: Nach einem Viertel der projektierten Zeit sollte der Standpunkt bestimmt sein – spätestens nach einem Drittel. Wenn während Ideation oder Prototyping alle Lösungsfäden reißen, ist der Rücksprung schließlich jederzeit möglich.

Dabei muss die projektverantwortliche Führungskraft stets im Hinterkopf behalten:

Die Beobachtung ist in Design-Thinking-Projekten der Ausgangspunkt für Innovationen mit hohem Wertschöpfungspotenzial.

Das gilt insbesondere für Unternehmen, die ihr Erfolgsrezept bereits gefunden haben und sich deshalb umso schwerer tun, unbekanntes Gelände zu betreten. Ein gutes Beispiel hierfür ist die Entstehungs- und Entwicklungsgeschichte der Fast-Food-Innovation McCafé, die im Kern ebenfalls eine Design-Thinking-Geschichte ist.

Die Kaffee-Antwort von McDonald's auf Starbucks entstand keineswegs während einer strategischen Planungssitzung im Hauptquartier in Oak Brook bei Chicago, sondern aufgrund der Beobachtung einer australischen McDonald's-Franchisenehmerin namens Ann Brown. Sie stellte fest: Am Nachmittag und am frühen Abend saßen zuhauf Mütter in ihrem Lokal, die ihrem Kind ein billiges Happy-Meal spendierten – aber selbst nichts konsumierten. Im Grunde wollten sie in dem Fast-Food-Mikrokosmos gar nicht sein und im Burger-Pommes-Cola-Sortiment fanden sie auch nichts, was für sie infrage kam.

Ann Browns erstes McCafé war ein lokaler Testballon mit wechselndem Kuchenangebot wie in einem modernen Bio-Café. Zu den (aus ihrer Sicht besonders erfreulichen) Beobachtungen in der Prototypenphase gehörte, dass nicht nur Umsatz und Marge mit Kaffee und Kuchen stimmten. Auch der Umsatz im klassischen Burger-Sortiment stieg. Nach weiteren Iterationsschleifen mit Logo-Entwicklung, Möbeldesign, Optimierung des Kaffeesortiments et cetera war der Prototyp reif für die Skalierung. Diese beherrscht McDonald's bekanntlich wie kaum ein anderes Unternehmen. Die McCafés sind in Europa heute der größte Umsatztreiber des amerikanischen Burger-Riesen.[37]

Unsere Management-
methoden, mit denen wir
Unternehmen führen,
stammen fast alle aus
der ersten Hälfte des
20. Jahrhunderts.

Das Management selbst
hat sich in Sachen
Innovation großzügig
eine Ausnahme gegönnt.

Tool 7:
Customer Journey –
Ansatzpunkte für Innovation

Die Customer Journey ist die wichtigste Methode, um aus der Kunden-, Anwender- oder auch Mitarbeiterperspektive heraus Ansatzpunkte für die Innovation von Abläufen, Leistungen und Produkten zu finden. In Kombination mit der Value Chain Analysis eignet sie sich sehr gut für die Entwicklung von Geschäftsmodellen. Mit einigen Modifikationen kann das Instrumenten-Set auch dabei helfen Managementansätze zu innovieren und das Institutional Meaning zu bestimmen.

Die hier vorgestellte Customer Journey ist eine Weiterentwicklung des gleichnamigen (Online-)Marketing-Analyse-Instrumentariums.

Wir entwickeln die Customer Journey in vier Schritten:

► Hypothesenbildung und Zielgruppe,

► Konkretisierung und Schärfung,

► Durchführung und Aufbereitung,

► Auswertung und Verdichtung.

1. Hypothesenbildung und Zielgruppe

Im ersten Schritt wird der Prozess modelliert, wie sich ein Kunde mit einem Produkt auseinandersetzt: vom ersten Berührungspunkt über die Kaufentscheidung bis hin zur Nutzung und zum Gebrauch dieses Produkt und gegebenenfalls darüber hinaus – Wartung, Service, Garantie, erneute Nutzung. Ziel ist es, eine End-to-end-Betrachtung vorzunehmen. Der Definition von Anfangs- und Endpunkten sollte ausreichend Zeit eingeräumt werden. Bei der Hypothesenbildung ist es hilfreich, mehrere Einstiegs- und Ausstiegspunkte zu definieren.

Im zweiten Schritt definieren wir acht bis zwölf Stufen – im Folgenden auch als *Stages* bezeichnet. Die *Stages* sind in sich logisch geschlossene Handlungspunkte. Ein typischer Einstiegspunkt einer Kundenreise im Kontext einer Produktkaufentscheidung ist die Stufe der *Awareness*. In diesem Handlungspunkt werden alle Aktionen beschrieben, die dazu führen können, dass ein Zielkunde das Produkt wahrnimmt und von diesem inspiriert wird. Ein typischer zweiter Handlungspunkt ist die Informationsbeschaffung. Hier werden alle Aktionen zusammengefasst, die ein Zielkunde unternimmt, um eine mögliche Kaufentscheidung treffen zu können.

Pro Stufe werden die jeweils relevanten Akteure identifiziert und es wird geschaut, was diese tun und wie sie im Verhältnis zueinander stehen. Es ist leichter, mit mehr Stufen zu starten und diese zu verschmelzen als stark verdichtete Stufen wieder auseinanderzubrechen. Wir arbeiten üblicherweise mit mindestens acht Stufen. Bei der Online-Marketing-Analyse sind es hingegen nur fünf.

Bei der Definition und Abgrenzung der Stufen werden in der Regel Anbieter und Nachfrage festgelegt und teilweise bereits beschrieben. Um das Risiko einer impliziten Annahmestruktur zu minimieren, wird explizit festgelegt, wer Nachfrager – vereinfacht Kunde – und wer Anbieter ist. Die Anbieter stehen bei der *Value Chain Analysis* im Vordergrund. Bei der *Customer Journey* geht es explizit um den Kunden. Wir legen zunächst die demoskopischen Merkmale fest und treffen dann pro Stufe eine Annahme, in welchem emotionalen Zustand (low –5, high +5) der Kunde diese Stufe erlebt.

Um diese hypothetische *Customer Journey* und die zugehörige Landkarte zu entwickeln, nutzen wir üblicherweise das Format der Jam-Session (siehe S. 52).

2. Konkretisierung und Schärfung

Die Landkarte mit den Stufen, den demografischen Eigenschaften und den emotionalen Zuständen wird zur Entwicklung eines Fragebogens herangezogen. Mittels dieses Fragebogens überprüfen wir, ob alle Stufen (Vollständigkeit), die richtige Aufteilung (Struktur), die richtigen Aktivitäten und die richtigen Gefühlszustände erfasst sind.

Anschließend überprüfen wir die Aktivitäten und Gefühlszustände. Wir arbeiten mit zwei Teams, bestehend aus zwei speziell für die *Customer Journey* ausgebildeten Experten. Jedes Team führt zunächst ein Interview, um Vollständigkeit und Struktur zu testen und ein erstes Gefühl zu bekommen, welche Fragen und Methoden (Tonband, Videokamera, Metaplan, Stifte, Zeichenbrett, Aufgaben, Exponate ...) im Interview funktionieren. Vollständigkeit, Struktur, Fragetechnik und Interviewmethodik werden als formales Setting zusammengefasst. Danach treffen sich die Teams und gleichen die Erkenntnisse in Bezug auf das formale Setting und die Ergebnisse ab, ohne auf die Inhalte einzugehen.

3. Durchführung und Aufbereitung

Das verbesserte Setting wird einer zweiten und gegebenenfalls dritten Schärfung unterzogen und dann erst die eigentliche Befragung mit 12 bis 16 realen oder potenziellen Kunden durchgeführt.

Die Interviews müssen dann interventionsfrei geführt werden – und zwar in den Kontexten, in denen die meisten Interaktionen mit dem Produkt/Service stattfinden.

Eine Langzeitstudie mit vollständiger verdeckter Beobachtung würde in der Regel den höchsten Erkenntniswert bieten. Im Hinblick auf Kosten und Nutzen ist diese Methode jedoch selten die richtige Wahl. Wir arbeiten meist mit der offenen Beobachtung und dem gezielten Hinführen zu Kontexten und Situationen. Dabei setzen wir einen Interviewer und einen Beobachter sowie, wenn erlaubt, Videokameras ein. Der Interviewer hat die Aufgabe, den

Kunden in Kontexte zu führen und Situationen zu schaffen, in denen einen gute Beobachtung möglich ist. Je nach Iterationsstufe bedeutet das: Der Interviewte hat bereits Prototypen ausprobiert (ab der 2. Iteration), wurde auch dabei beobachtet und wird anschließend noch einmal (im Beobachtungsmodus) dazu befragt.

Gute Interviewführung und das Setzen der richtigen Beobachtungsanker beruhen in hohem Maße auf Erfahrungswissen, zu dem bekanntlich keine Abkürzung führt. Hier ein paar Tipps:

▶ Schaffe eine gute Atmosphäre. Fordere den Interviewten auf, selbst Fragen zu stellen. Zeige Verständnis für die Situation, die Umstände und die Personen. Eine hohe Empathie öffnet die Gesprächspartner. Steige mit ein paar Geschichten ein und schaffe ein Vertrauensverhältnis.

▶ Frage nach Beispielen, Bildern, Metaphern. Lass dir alles zeigen und vorführen. Gib dem anderen die Chance, Geschichten zu erzählen. Spannung und Humor bringen Erstaunliches zutage.

▶ Sei neugierig! Verstärke den Redefluss, ohne ihn zu lenken, auch wenn die Inhalte irrelevant erscheinen. Suche nach Überraschendem, akzeptiere Inkonsistenzen. Verstärke diese, ohne den anderen zu blamieren.

▶ Pausen und Abwarten sind wichtig! Setze dies bewusst ein. Ausreichend Zeit und Unschärfe helfen. Übersprungshandlungen führen oft zu Schlüsselszenen.

▶ Achte auf Kleinigkeiten. Verhalten, Gestik und Mimik sagen mehr als alle Ausführungen. Setze bewusst Akzente durch Tempowechsel, Vorgriffe und Rücksprünge. Schaffe Kontexte und Situationen, aber gib keine Inhalte vor.

Gute Beobachtungsanker sind: *Konfusion, Überforderung, Störung, Ärger, Missverständnis und falscher Gebrauch/Einsatz, das Überspringen und Vergessen von Stufen, Hektik, Nervosität.*

Abschließend werden beobachtete Emotionen mithilfe einer einfachen Skala von −4 bis + 4 sortiert.

Das können sein: *Wut, Ärger, Unsicherheit, Resignation, Neugierde, Interesse, Begeisterung und Hingabe.*

Wir führen in der Regel mindestens die doppelte Anzahl an Interviews bezogen auf die Anzahl der Interviews bei der Schärfung. Hatten wir drei Interviews bei der Entwicklung, dann führen wir sechs weitere durch. Mehr als zwölf Interviews pro Team haben sich als kontraproduktiv erwiesen. Entscheidet man sich tatsächlich für mehr als 24 Interviews, sollte ein drittes oder viertes Team aufgesetzt werden.

4. Auswertung und Verdichtung

Bei dieser Art von Beobachtung entstehen Unmengen von Informationen. Diese müssen aufbereitet und ausgewertet werden. Nach unserer Erfahrung werden mit folgender Methode die besten Ergebnisse erzielt:

Nach jedem Interview erstellt das Team ein Plakat. Wir arbeiten auf Packpapier oder auf halbierten Metaplanwänden. Wir legen vorher fest, mit welcher Struktur wir das Interview aufbereiten und arbeiten gegen diesen Rahmen, um Vergleichbarkeit zu erreichen:

▶ Scan 1 – *moments of truth,*

▶ Scan 2 – *person and map.*

Die goldene Regel an dieser Stelle lautet: Es wird nur ein Plakat für die zugehörige Reise des Kunden erstellt. Die Teams dürfen keine Ergebnisse teilen und vorliegende Plakate nicht miteinander abgleichen.

Wenn alle Interviews geführt sind, organisieren wir eine Ausstellung. Dabei werden die Plakate mit den *moments of truth* sichtbar aufgehängt. Jetzt werden die Teams gemischt und gemeinsam wird die Ausstellung besichtigt. Wir laden zu den Ausstellungen gerne auch an den Interviews unbeteiligte Personen ein. Jeder Besucher ist aufgefordert, die Plakate mit Post-its zu kommentieren, aber nicht zu bewerten. Unser Modus sieht vor, alle Plakate nacheinander zu betrachten und pro Plakat drei Minuten (plus eine Minute Puffer) zu gewähren. Reden und Abstimmen sind verboten. Am hilfreichsten sind gezeichnete Kommentare. Abkürzungen, Ausrufezeichen, Fragezeichen et cetera helfen nicht weiter.

Nach einer Pause beginnen wir dann mit der Arbeit an den einzelnen Plakaten. Erst werden die Kommentare vorgestellt, dann erläutert das Team sein Plakat und fasst die Ergebnisse aus der Feedback-Session zusammen. Die Faustformel für das Tempo lautet: Pro Teilnehmer eine Minute pro Plakat. Wir empfehlen, alle 45 Minuten eine kurze Pause zu machen, aber die gesamte Ausstellung an einem Stück abzuarbeiten. Nach dieser Aufbereitung sortieren wir die Plakate entlang der Stufen der *Customer Journey*, wenn möglich auf einer oder zwei Wänden. Bereits der optische Eindruck bringt einen großen Erkenntnisgewinn.

Das zweite Schema zielt darauf ab, Kundensegmente zu erkennen. Durch Sortieren suchen wir gleiche oder ähnliche Verläufe, diese gruppieren wir anhand der Diskriminatoren. Das können zum Beispiel psychografische Eigenschaften wie Intro- oder Extraversion sein. Die Ergebnisse halten wir auf DIN-A4-Blättern fest. Das Ergebnis sind zwei bis fünf Diskriminatoren, welche die Gruppe der Interviewten gut aufspannen. Man muss sich für die Übung ausreichend Zeit lassen und immer wieder neu sortieren. Wenn es gelingt, die Zielgruppe gut zu segmentieren, haben wir eine Ölquelle entdeckt. Hier ist jede Minute gut investiert.

Wichtig zu beachten ist: Die *Customer Journey* gehört zur Phase »Verstehen und Beobachten«, nicht zum PoV oder zur Ideation. Während der Erarbeitung entstehen viele Ideen und es werden Standpunkte gefunden. Die Devise heißt aufschreiben und sammeln. Eine große Gefahr besteht darin, sofort in die Lösungsfindung zu springen und in den Beobachtungsdaten nur noch Bestätigung für die »tolle« neue Lösung zu suchen.

Die *Customer Journey* und die dazugehörige Aufbereitung ermöglichen ein anderes Verständnis für die Situation des Kunden und den Kunden selbst. Sie zeigen Ansatzpunkte für Innovation (*false, want, need*) auf und liefern Kriterien, die eine Lösung erfüllen muss.

MOMENT -of- TRUTH

60 cm

140 cm

TITLE / STAGE / SZENE

BILD (Foto, Skizze) WELCHES DEN
ZENTRALEN MOMENT TRANSPORTIERT

● QUOTES / ZITATE

● QUOTES / ZITATE

● QUOTES / ZITATE

RAUM FÜR
Kommentare

!

→ ERKENNTNISSE & BEMERKUNGEN
→
→

EMOTIONMAP   HIER BIN
                 ICH →

TOOL
7

Co-Creation, Hierarchie-Bias und dunkle Pferde

Kill the problem!
Schieß das Problem ab!

Es gibt ein mögliches Ergebnis bei der Bestimmung des Point of View, das Ideation, Prototypenbau und Testphase überflüssig macht. Es lautet:

Es gibt Probleme, die geben einfach nichts her. Es gehört zu den Stärken der Methode, diese Probleme in der übergeordneten Logik des Grundsatzes *»Scheitere oft und früh«* zu identifizieren. Auf den ersten Blick mag sich auch das ein wenig trivial anhören, aber besonders in Organisationen mit ausgeprägten Hierarchien traut sich oft niemand zu widersprechen, wenn der Chef irgendwo Marktchancen wittert, obwohl es de facto keine gibt. In hierarchischen Organisationen wird dann oft wider jeden gesunden Menschenverstand und mit Scheuklappen entwickelt und Technologie getestet – und am Ende steht dann eine millionenschwere Investitionsruine für ein Krankenhaus direkt neben einem der größten Frachtflughäfen Mitteleuropas. Oder es rollt ein Smart mit vier Türen aus der Entwicklungsabteilung, der so schlecht fährt wie ein Smart, so viel Parkraum braucht wie ein konventioneller Kleinwagen, dafür aber deutlich teurer ist. Parallel zum Entwicklungsprozess versichert die quantitative Marktforschung regelmäßig, dass sich die Verbraucher ein solches Krankenhaus »mit guter Infrastrukturanbindung« oder ein solches Lifestyle-Fahrzeug unbedingt wünschen. Der Chef hört es gerne und das nützt dann (kurzfristig) allen Projektbeteiligten. Doch das Unternehmen zahlt am Ende drauf.

Wenn ein Design-Thinking-Team mit vielen klugen Köpfen in seinen Reihen nicht in der Lage ist, einen geschärften Standpunkt für ein Problem zu entwickeln, wenn sich keine Lösungsideen abzeichnen und auch niemand ein Gefühl dafür hat, wie ein Prototyp aussehen könnte, kann die Führungskraft unter Umständen ein zweites Team auf das Problem ansetzen. Wenn auch dieses die Fragestellung nicht in eine geschärfte Vorstellung übertragen kann, was mit dem Projekt erreichbar ist, sollte das Unternehmen besser die Finger von dem Vorhaben lassen. Es wird viel Zeit, Energie und Geld sparen, die es an anderer Stelle sinnvoller investieren kann. Das sind zum Beispiel die Projekte, bei denen ein Design-Thinking-Team, um es mit Plattners Worten zu sagen, »am Point of View weiß, was es erreichen will«.

In der Ideationsphase erleben Führungskräfte, die zum ersten Mal ein Design-Thinking-Projekt verantworten, meist ihren größten Aha-Effekt. Erstaunt schauen sie zu, wie viele potenziell Erfolg versprechende Ideen in kürzester Zeit geboren werden. Mitarbeiter, denen sie keinen originellen Gedanken zugetraut hätten, mutieren plötzlich zu Kreativitätsmaschinen. Eigenbrötler entdecken, dass Cocreation Spaß macht– also kollektive Denk- und Entwicklungsprozesse, die auf dem Prinzip des Austauschs mit Kollegen und Kunden in hoher Intensität beruhen. Kurzum: dass Design Thinking alle von Don Tapscott in *Wikinomics*[38] großspurig prognostizierten Formen und Vorteile der kreativen Zusammenarbeit mit Stakeholdern innerhalb und außerhalb der Organisation Wirklichkeit werden lässt – in einem Projektraum mit Teammitgliedern und eingebundenen Kunden.

Wie im Workshop gilt in der Ideationsphase: Erst einmal Masse generieren. Qualitativ gewertet und abgestimmt wird später. Die Erwartungshaltung von Projektverantwortlichen ist, dass die Ideation der schwierigste Teil im Projekt ist. Wenn es gut läuft, ist es die Prozessphase, die am mühelosesten durchrutscht. Denn in der Ideation lässt das Team aufgestauter kreativen Energie freien Lauf und auch das ist im Design-Thinking-Prozess bewusst so angelegt.

In einem durchschnittlichen Projekt haben die Teammitglieder schon mindestens drei Workshops in Wochenabständen hinter sich. Im Hinterkopf haben sie Beobachtungen, Eindrücke, Teilaspekte, Kristallisationspunkte,

Datenpunkte, Lösungshinweise et cetera permanent verarbeitet, unter der Dusche weitergedacht und im Bett gewälzt – natürlich wohl wissend, dass am Ende eine Lösung im Raum stehen soll. Endlich gehen die Schleusen auf. Die Ideen dürfen raus. Sie dürfen an Wänden sichtbar werden und je nach Methode direkt oder später in den Beschleuniger des Ideen-Pingpong.

Der Moderator muss an der Stelle vor allem eines sicherstellen: Hierarchien und Experten dürfen den Ideenstrom unter keinen Umständen umlenken oder bremsen. Das Prinzip der Vorurteilsfreiheit gilt nicht nur für das Problem in der Beobachtungsphase.

Es kommt nicht darauf an, wer etwas sagt, sondern was gesagt, gemalt, geschrieben wird.

Und auch der Auswahlprozess der Ideen, die für Prototypen ins Rennen geschickt werden, sollte demokratischer erfolgen, als wir das aus den meisten Unternehmenskulturen gewohnt sind.

Zur Erinnerung: Aus Sicht von Führung bedeutet Design Thinking, den analytischen, intuitiven und unter dem Strich kreativen Fähigkeiten von Teams stärker zu vertrauen als den eigenen. Das fällt auf der einen Seite schwer. Auf der anderen Seite ist fairer Wettbewerb der Kern kapitalistischer (Weiter-)Entwicklung. In klassischen Strukturen wird ein Wettbewerb der Ideen oft nur simuliert. Die Chancen, dass sich eine Idee durchsetzt, steigen linear mit der hierarchischen Position des Ideengebers.

Design Thinking drängt den Hierarchie-Bias aus Innovationsprozessen heraus.

Ein einfaches und effektives Mittel hierfür sind Klebepunkte, mit denen Ideen anonym bewertet aus der Perspektive werden: Welche Idee hat das größte Potenzial, zu einer Lösung des Problems zu führen? Für Führungskräfte mag es keine angenehme Erfahrung sein zu sehen, wenn die eigenen Ideen unter den Bedingungen des fairen Wettbewerbs plötzlich unterdurchschnittliche Zustimmung erfahren. Doch einer Führungskraft, die Design Thinking ernsthaft betreibt, ist das egal. Denn sie weiß, dass es nicht um das eigene Ego, sondern um die Sache geht.

Im Design-Thinking-Prozess ist das der Prototyp, der in Testrennen geschickt wird.

Auch beim Bau von Prototypen gilt das Wettbewerbsprinzip. Es müssen immer mehrere Sub-Teams eigene Prototypen entwickeln, die dann gegeneinander laufen. Die Anzahl hängt naturgemäß stark von der Größe und Zeitkapazität des Gesamtteams ab. Zwischen drei und fünf Prototypen sind in den meisten Projekten eine gute Zahl, um ausreichend unterschiedliche Lösungspfade auszukundschaften. Im Vergleich zum Workshop muss dabei die Qualität der entwickelten Prototypen einen großen Schritt nach vorne machen. Aus nicht-funktionalen Prototypen müssen funktionale werden. Das bedeutet konkret: Projekt-Prototypen müssen uns erlauben, Kundeninteraktion mit der anvisierten Lösung zu testen und zu beobachten.

Im Unterschied zum Workshop haben wir im Projekt die Möglichkeit (und in der Regel die Pflicht), beim Prototyping selbst zu iterieren und dem Anwender schrittweise so dicht wie möglich auf die Pelle zu rücken. Dabei kann in Servicezusammenhängen das interne Rollenspiel bei den ersten Prototypen ein wichtiges Instrument bleiben. In späteren Schleifen wird es durch Rollenspiele mit echten Kunden ersetzt. Die Design Thinker der Deutschen Bank bauen beispielsweise in ausgewählten Filialen oder »dritten Orten« wie Flughäfen provisorische Bankschalter auf und bitten tatsächliche oder potenzielle Kunden, sich auf ein simuliertes Beratungsgespräch zum Beispiel für ein neues Sparprodukt einzulassen. Die Bereitschaft vieler Kunden, an solchen Prototypentests teilzunehmen, ist nach Erfahrung der Mitarbeiter der Deutschen Bank überraschend hoch. Die Neugier siegt oft über Schüchternheit oder Faulheit, und nicht zuletzt ist ein solcher Beobachtungstest mit Kunden ja auch ein Signal des Unternehmens: Wir wollen wirklich wissen, was ihr wollt![39]

Dass die Kundenwünsche wiederum so gar nicht den eigenen Erwartungen entsprechen müssen, erlebte die Bank mit der gut und plausibel klingenden Idee, Bankberatung in Zügen durchzuführen. Das Kundenfeedback im Prototypen war: Kunden sind in der Regel auf Bahnreisen gut vorbereitet und beschäftigt. Ein eigenes Zugabteil mit Beratungsangebot der Bank würden sie nur nutzen, »wenn sie sich absolut langweilen«. Absolute Langweile wiederum ist keine gute Grundlage für gute Bankgeschäfte. Die Idee wurde daher schnell beerdigt.

Umgekehrt lief es bei der Ideenentwicklung eines hoch innovativen Beratungswerkzeugs, das wie ein gigantisches iPad aussieht und den etwas sperrigen Namen »interaktive Lebenslinie« trägt. Auf einem Touchscreen-Tisch sammeln Kunde und Berater bisherige und erwartete Ereignisse im Leben des Kunden. Hier die Hochzeit, da das erste Kind, hier ein Leasing-Fahrzeug. Von der Software grafisch ansprechend unterstützt, können die beiden dann Szenarien dahingehend durchsprechen, welche finanziellen Auswirkungen ein biografisches Ereignis langfristig auf einen Kunden haben wird.

Ein erster Prototyp dieses Assistenzsystems für Finanzplanung entstand in einem Design-Thinking-Workshop mit einfachen Post-its. Daraus wurde ein Projekt mit einem klickbaren Prototypen für Notebooks. Nach einer weiteren Feedbackschleife ging man in einen kleinen Prototypen mit Touchscreen. Daraus wiederum entwickelte sich ein erster Beratungstisch, der zunächst auf der Computermesse Cebit vorgestellt und dann in der Berliner Vorzeige- und Trendfiliale Q110 der Deutschen Bank umfassend mit Kunden im Einsatz war. Die innovative Kraft, Lebensszenarien interaktiv mit Kunden zu visualisieren, sprach sich in der Bank schnell herum und andere Filialen zeigten großes Interesse an der Anwendung. Die schnellste Lösung für die Fläche war eine iPad-Anwendung, die zwar haptisch nicht ganz so eindrücklich, aber ebenfalls hilfreich ist. Inzwischen steht die nächste Tisch-Generation mit optimierter Software und Grafik im Q110 und die Chancen stehen gut, dass aus einem kleinen Projekt bald ein Standardwerkzeug für bessere Vorsorgeentscheidungen wird.

Erfolg zu erklären ist immer leichter, als ihn zu kreieren, aber in diesem Fall konnte Design Thinking beides: Die »interaktive Lebenslinie« löst in Design-Thinking-Reinkultur ein weit verbreitetes Kundenproblem. Die meisten von uns haben den Überblick verloren, welche finanziellen Konsequenzen welche Entscheidungen im Leben nach sich ziehen.

Auch bei der Evaluation der Prototypen gilt: Die Qualität der Beobachtung macht den Unterschied. Nur wer erkennt, was Kunden an einem Prototypen gefällt und was nicht, wird aus einer mittelmäßigen eine gute Lösung machen. Die goldene Regel der Beobachtung lautet:

Der Anwender probiert den Prototypen in Ruhe aus. Der Entwickler schaut zu und hält dabei bitte die Klappe!

Das mag sich nach einer Selbstverständlichkeit anhören, aber die Erfahrung zeigt leider: Entwickler sind in guter alter Ingenieurstradition von ihrer Idee oft so berauscht, dass sie den Kundentest unbewusst nur als bestätigendes Element sehen. Bei der Heranführung des Testers an den Prototypen lässt er es sich daher nicht nehmen, die (vielen) Vorzüge und (wenigen) Schwachstellen vorauseilend zu erläutern.

Beobachten heißt beobachten und nicht erklären! So einfach ist das. Eigentlich.

Eine unerwünschte, aber immer wieder vorkommende Situation in Design-Thinking-Projekten ist, dass kein Prototyp nach disruptiver Lösung ausschaut. Führungskräfte können in diesem Fall das *Dark Horse* ins Rennen schicken.

Wie bereits im Meeting kurz angerissen: Beim Pferderennen ist das *Dark Horse* jenes unscheinbare Außenseiter-Tier, das keiner auf dem Schirm hat, wenn es gewinnt. Im Design Thinking steht die Methode für einen kompletten

Neustart des Prozesses, wenn die ersten Prototypen nicht aus den Boxen kommen. Moderator und Projektverantwortlicher halten im Dark-Horse-Modus das Team an, das Problem radikal neu zu definieren und den Prozess noch einmal ganz von vorne zu durchlaufen. Zu den Vorgaben im zweiten Rennen gehört, bewusst auch jene Ideen in Betracht zu ziehen, die aus heutiger Sicht als völlig unrealistisch erscheinen.

Der psychologische Ansatz hinter der Dark-Horse-Methode ist leicht entschlüsselbar. Das Team traut sich im zweiten Rennen, riskantere Ideen zu entwickeln, denn es hat die Prototypen des ersten als Backup-Lösung im Hinterkopf. Nach den Erfahrungen von Stanford-Ingenieur Larry Leifer sind Dark-Horse-Prototypen im Durchschnitt nicht nur deutlich radikaler und innovativer. Sie stellen sich in der Praxis als realisierbare Lösungen mit großer Inventionshöhe heraus.

Der Markt ist voller Scheinwahrheiten.
Wer ein Dogma findet, das sich überholt
hat, hält den Schlüssel zu einer

disruptiven Innovation

bereits in der Hand.

Ziel der Übung: Im Kopf festgefügte Sortierungen und Bezüge aufbrechen, um zu neuen, ungewöhnlichen Verknüpfungen zu kommen.

Ausgangssituation ist eine Liste von Objekten – zum Beispiel Unternehmen, Produkte oder Personen – , die in einem bestimmten Kontext nach einem bestimmten Muster sortiert werden. Zum Beispiel Unternehmen im Computermarkt nach Wertschöpfungsstufe, Größe, Marktmacht, Markenbekanntheit, Herkunft et cetera. Um uns von diesen gedanklichen Strukturen zu lösen, spielen wir unter Zeitdruck und schaffen einen Anreiz (Wettbewerb).

Aufgabe 1

Race (Möglichst viele Objekte): Nenne mindestens 20 Objekte, die sich in deinem Kühlschrank oder deiner Speisekammer befinden oder befinden könnten. Zeitvorgabe 2 Minuten. Pro Objekt ein Zettel. Stellt euch die Objekte vor und legt pro Objekt 8 identische Zettel an. Der Teilnehmer mit den meisten Zetteln bekommt 5 Punkte.

Aufgabe 2

Race (Möglichst viele ungewöhnliche Kategorien): Nenne mindestens 12 Kategorien, nach denen man die Gegenstände in deinem Kühlschrank, in deiner Speisekammer sortieren kann. Zum Beispiel nach Art, Rezept, Farbe, Herkunft, Flugstrecke, wenn der Kühlschrank explodiert etc. Zeitvorgabe 2 min. Pro Kriterium ein Zettel. Stellt euch die Kriterien gegenseitig vor und legt eine Rangreihe von »total abgefahren« bis »total langweilig« an. Kriterien, die mehr als einmal genannt wurden, sind per se schon langweilig. Die ungewöhnlichsten 8 Kriterien bekommen Punkte.

Nun werden die Objekte aus Aufgabe 1 entsprechend der Kriterien aus Aufgabe 2 sortiert. Innerhalb der Kriterien gibt es meist ordinale, manchmal sogar kardinale Skalen, nach denen man sortieren kann.

Aufgabe 3

Jump (finde Analoga): Nun wird der ursprüngliche Kontext (Computermarkt) herangezogen und es werden Analoga für die 8 Kriterien gesucht und die ursprünglichen Objekte (Unternehmen) neu sortiert.

Aufgabe 4

Storytelling (Was bedeutet diese Sortierung für mich/mein Unternehmen?): Im letzten Schritt müssen sich die Teilnehmer eine Geschichte überlegen, wie es zu dieser Konstellation gekommen ist und was das bedeutet, welche Position man darin einnimmt und wie man die Position verändern könnte. Gemeinsam bewertet die Gruppe, welche der Sortierungen den meisten Gehalt in Bezug auf Neues/Ungewöhnliches hat.

TOOL

8

Das richtige Team

Wie sieht das ideale Team für ein Design-Thinking-Projekt aus? Die leichte Antwort auf diese Frage ist: interdisziplinär und voller Mitglieder, die empathie- und teamfähig sind, gerne experimentieren und integriert denken können, also sowohl den Sinn für Details haben als auch das große Ganze verstehen. Zudem sollte das Team noch aus lauter Optimisten bestehen. So weit die Lehrbuchmeinung, die sich geprägt durch die IDEO-Definition von »*A Design Thinker's Personality Profile*« durch die gesamte Design-Thinking-Literatur zieht.[40] Unsere Erfahrung in der Praxis ist: Dies ist, vornehm formuliert, ein theoretischer Zugang, direkt formuliert, eine Wunschvorstellung.

Eine auf die Methode spezialisierte Innovationsberatung wie IDEO kann unter Umständen gezielt Personalplanung auf Basis dieser definierten Kriterien betreiben. Wenn eine europäische Führungskraft ein Design-Thinking-Team zusammenstellt, muss sie mit gegebenen Personalressourcen arbeiten – und dies oft genug beschränkt auf die eigene Abteilung. Natürlich muss bei der Zusammenstellung des Teams darauf geachtet werden, dass nicht nur Ingenieure oder ausschließlich Betriebswirte vertreten sind. Es müssen in der Gruppe auch ausreichend unterschiedliche Hierarchiestufen zu finden sein. Wann immer möglich sollten Personen mit T-Shaped-Profil für das Projekt gewonnen werden, also Kollegen, die dank Expertenwissen in die Tiefe gehen (der senkrechte Balken des Ts) und gleichzeitig eine generalistische Perspektive einnehmen können (der waagrechte Balken). Aber grundsätzlich gilt: Jedes Design-Thinking-Team hat die Chance zu reüssieren, wenn der Moderator es richtig durch den Prozess führt.

Wichtig ist, dass im Team gute Beobachter sind, extrovertierte Kollegen, die vorpreschen, wenn sich sonst keiner traut, und Leute, die über die soziale Kompetenz verfügen, Menschen zum Lachen zu bringen. Man könnte Letztere auch Pausenclowns nennen, aber das würde ihrem Wert für Kreativprojekte nicht gerecht. Humor macht Spaß und ist deshalb wichtig. Diese drei Persönlichkeitsprofile sollten sich in jeder Abteilung finden lassen.

Niemand weiß im Vorhinein, woher die »Freak Wave«, die Monsterwelle einer disruptiven Idee kommt. Es ist die Aufgabe des *Host*, die Chance zu erhöhen, dass sie sich aufbaut und das Neue an Land spült. Dafür gelten im Projekt die gleichen Moderationsprinzipien, die wir aus dem Meeting und dem Workshop kennen. Die Kunst bei der deutlich komplexeren Projektmoderation besteht darin, Design Thinking auch auf der Metaebene des Moderationsprozesses anzuwenden. Der Moderator muss das Team selbst sehr genau beobachten und erkennen, welche Teammitglieder den Prozess voranbringen und welche nicht. Aus dieser Beobachterperspektive heraus muss er in der richtigen Tonalität Feedback geben. Richtige Tonalität heißt klare Aussage. Klar kann heißen: »Dein Enthusiasmus und dein kreativer Input sind wertvoll, aber du musst lernen dich zurückzunehmen. Du merkst nicht früh genug, wenn andere gerade kompetentere Beiträge leisten.« Klar kann auch heißen: »Ich erlebe dich destruktiv. In meiner Wahrnehmung hast du an Punkt x und y den Flow des Teams blockiert. Wenn du dieses Verhalten nicht änderst, muss du das Projekt verlassen. Dies ist deine zweite und letzte Chance.«

Wir haben immer wieder erlebt, dass Teammitglieder nach klarem Feedback die »zweite Chance« mit Bravour genutzt haben und zu vorbildlich produktiven, emphatischen und experimentierfreudigen Design Thinkern wurden. Wir haben auch bemerkt, dass es hier und da notwendig war, Mitglieder aus dem Team zu schmeißen. Und dass es sich dann als ganz leicht erwies, die Flow-Blockierer durch Kollegen mit komplementären Qualitäten zu ersetzen, die frischen Wind in Gruppe und Prozess brachten.

Das Führen von Design-Thinking-Teams ist selbst ein Iterationsprozess. Ein Prozess des Hinzufügens neuer Elemente und des Weglassens.

Moderieren und ernten, Teil II

Der beste *Host* der Welt kann auch bei bester Vorbereitung einen Design-Thinking-Workshop nicht alleine führen. Bei Projekten steigt die Moderationskomplexität weiter. Wir brauchen entsprechend ein Moderationsteam. Es bietet es sich an, das Hosting auf mindestens zwei Personen zu verteilen: Moderator und Supervisor. Der Moderator ist – analog zum Projektmanager im klassischen Projekt – dafür verantwortlich, dass die einzelnen Workshops in sich den richtigen Rhythmus finden. Damit ist gemeint, dass intensiven Arbeitsphasen Entspannungsmomente folgen müssen und umgekehrt. Dass die Teams nicht zu lange sitzen oder zu lange stehen oder zu oft Musik läuft oder nie. Oder dass ein Team, das sich in einem Ideationsprozess verrannt hat, nicht von außen im richtigen Moment unterbrochen wird.

Der Moderator muss zudem sicherstellen, dass die Teams auf den einzelnen Prozessstufen tatsächlich vorankommen. Dass die Team sich stets bewusst machen, auf welcher Prozessstufe sie sich gerade befinden, und bewusst die Entscheidung treffen, wann sie eine Stufe vor- oder zurückspringen. Als ob das noch nicht reichte, muss ein guter Design-Thinking-Moderator auch auf individueller Ebene coachen. Er sollte introvertierte Teammitglieder ermutigen, präzise Beobachtungen in die Gruppe einzubringen, und dominanten Persönlichkeiten hin und wieder zu erkennen geben, dass nur sie ihre Ideen für Adler mit breiten Schwingen halten, die Gruppe aber zu der Überzeugung gelangt ist, dass die Idee nicht fliegt.

Das sind verdammt viele Aufgaben auf einmal. Es mag überbegabte Naturtalente geben, aber für alle Normalsterblichen ist diese Moderationsaufgabe nur nach einer soliden Ausbildung als Design-Thinking-Host beziehungsweise -Coach leistbar. Bereits bei Workshops empfehlen wir, dem Host zusätzlich einen Supervisor zur Seite zu stellen. Dieser beobachtet und spiegelt zum einen den

Host und hilft ihm, iterativ ein besserer Moderator zu werden. Bei steigender Komplexität haben Host und Supervisor zusätzlich Sub-Moderatoren (für die Sub-Teams) und Assistenten an ihrer Seite.

Im Unterschied zum Moderator hat der Supervisor aber die Möglichkeit, inhaltlich einzugreifen. (Und nicht nur prozessual wie der Moderator, wobei natürlich auch über Prozesssteuerung inhaltliche Einflussnahme indirekt möglich ist.) Der Supervisor sollte entsprechend mit erheblicher inhaltlicher Kompetenz ausgestattet sein und als gestandener Kreativer im Team auftreten können. Als personifizierter Störfaktor gibt er den Teams immer dann einen Schubs, wenn es nötig ist. Und er provoziert durch kompetente Fragen Denkanstöße.

Host und Supervisor entscheiden im Idealfall gemeinsam, wann es sinnvoll ist, die Gruppe mit einem rüstigen Rentner mit Leidenschaft für die Freiwilligenarbeit zu konfrontieren oder einen Sechzehnjährigen mit Migrationshintergrund in die Gruppe einzuspeisen, der die versammelte Akademikerschaft mal auf den Boden der Kundentatsachen juveniler Zielgruppen zurückholt.

Der Supervisor hilft dem Moderator, teamanalytische Checklisten zu führen. Diese können folgende Punkte enthalten:

- ▸ Wie oft muss der Host intervenieren?

- ▸ Wie viele Ideen produziert die Gruppe?

- ▸ Bauen die Ideen aufeinander auf?

- ▸ Lernen die Teammitglieder voneinander?

- ▸ Wie sind die Zwischenergebnisse im Vergleich zu anderen Gruppen?

- ▸ Wie oft wird konzentriert gearbeitet?

- ▸ Wie lang sind die Pausen?

▶ Wie ist die Stimmung im Team?

▶ Wie oft wird gelacht?

▶ Sind die Rollen »Beobachter«, »Ideenbeschleuniger« und »Pausenclown« besetzt?

Entlang dieser Fragen kristallisieren sich mögliche oder notwendige Interventionspunkte heraus, die schleppende Gruppendynamiken in Richtung des gewünschten Flows korrigieren lassen. Die Reflexion auf der Metaebene ist der Warp-Antrieb bei Design-Thinking-Projekten. Eine der wichtigsten Stellschrauben dabei ist gutes Zeitmanagement. Auch hierfür gibt es eine Grundregel, die Design Thinker verinnerlichen:

Schnelle Projekte sind gute Projekte.

Zeitvorgaben bringen Ergebnisse. Intuitiv neigen Moderatoren wie Gruppen dazu, sich zu oft zu viel Zeit zu spendieren. Dies ist besonders zu Beginn von Projekten der Fall, wenn die Teams noch keinen direkten Zeitdruck verspüren. Erik Spiekermann, Typografie-Ikone, Designvordenker und Gestalter dieses Buchs, sieht die größte methodische Stärke von Design Thinking in der Fähigkeit, durch die Kollaborationsmechanismen »zugleich schnell und tief zu arbeiten«. Anders formuliert: Geschwindigkeit muss keineswegs auf Kosten der Qualität gehen. Denn erzwungene Geschwindigkeit fördert die Konzentration aller Beteiligten auf das Wesentliche. Und das Wesentliche heißt beim Projekt: das Ergebnis.

In der Agentur Edenspiekermann werden die Prinzipien der kleinteiligen, iterativen Scrum-Programmierung inzwischen eins zu eins auf Designprojekte übertragen. So entstand die eigene Agenturwebseite in genau 36 Stunden und setzt dennoch – oder gerade deshalb – neue Maßstäbe in Sachen Webpräsenz der Branche.

Ähnliches ist in Design-Thinking-Projekten zu beobachten, wenn die Zeit wirklich drängt. Plötzlich multipliziert sich die kreative Energie. Der Moderator sollte auch deshalb in jeder einzelnen Iterationsschleife auf das Tempo drücken, weil ihm im Unterschied zu vielen Teammitgliedern stets bewusst ist: Es kommen noch mehrere Runden und die werden einen größeren Mehrwert bringen als unendliche Vertiefung in frühen Prozessphasen. Eines der wichtigsten Kommandos des Moderators im Design-Thinking-Projekt lautet deshalb: »Nehmt euch die Zeit jetzt nicht!« Und weil es in unserer Welt voller Ambivalenzen kein Prinzip ohne Gegenprinzip gibt, muss der Moderator gleichzeitig ein gutes Gespür dafür haben, wann der richtige Zeitpunkt ist, mehr Zeit einzuräumen als geplant.

So wichtig Beschleunigung durch Zeitvorgaben ist, zeigt die Erfahrung auch: Es bringt nur selten etwas, eine Übung gegen den expliziten Willen eines Teams durchzuprügeln. In diesen Situationen hilft es, die Notwendigkeit zum Tempowechsel noch einmal explizit zu machen. Mit zunehmender Erfahrung entwickeln Design-Thinking-Teams diesbezüglich selbst eine größere Gelassenheit. Sie verlieren sich nicht mehr an den falschen Enden, sondern lernen, dass das Weglassen von Unwesentlichem gut ist – und zwar nicht nur, weil Kunden keine komplexen Lösungen mögen. Sondern auch, weil jedes getötete (Detail-)Problem Zeit spart und im Umkehrschluss zeitlichen Raum für das eigentliche Problem schafft.

Womit wir bei einem Problem bei Design-Thinking-Projekten wären, für das nach unserem Kenntnisstand noch keine wirklich befriedigende Lösung gefunden worden ist: Wissen und Übersicht aller Beteiligten über alle wesentlichen Erkenntnisse auf den verschiedenen Stufen des Prozesses.

Wir haben bereits festgestellt, dass Design Thinking einen komplexen Erkenntnisprozess auf intelligente Weise managt. Design Thinker zerhacken das Problem nicht in Kleinteile, sondern iterieren mit holistischer Perspektive. Die prozessimmanenten Vor- und

Rücksprungmöglichkeiten und die Dynamik mit mehreren konkurrierenden Sub-Teams, auch das haben wir bereits gesehen, bedürfen einer besonders guten und schnell zugänglichen Projektdokumentation. Team A hat nicht tagelang Zeit und schon gar keine Lust, sich in die Ideationsphase von Team B einzuarbeiten. Unser Gefühl ist: Design Thinking könnte noch viel mehr, wenn sich alle Projektteilnehmer besser und müheloser gegenseitig auf dem Laufenden halten könnten.

Sitzungsprotokolle sind der Erbfeind aus dem Projektmanagement. »Reinzeichnungen« aus den einzelnen Workshops sind ein guter Anfang, aber oft stellen wir in Projekten fest, dass zu viele Reinzeichnungen im Kopf herumschwirren und wir eigentlich aggregierende Reinzeichnungen von diversen Reinzeichnungen bräuchten. »Projekt-Wiki« hört sich wunderbar zeitgemäß an, aber Wikis treffen erfahrungsgemäß auf wenig Gegenliebe bei den Projektteilnehmern, da sie nur dann etwas bringen, wenn sie intensiv gepflegt werden.

Wir experimentieren gerade mit folgenden Methoden:

▶ *Graphical Recording:* Professionelle Zeichner kondensieren die wichtigsten Gedanken in Wandbildformaten.

▶ *Workshop-Reportagen:* Professionelle Journalisten beobachten die Workshops, schreiben mit und fassen je nach Kontext analytisch oder narrativ zusammen. Die Texte dürfen nicht zu lang sein, sondern müssen das Wesentliche auf den Punkt bringen.

▶ *Yammer als Projekt-Facebook:* Die Teilnehmer nutzen einen (geschützten) Social-Media-Rahmen als Wissensmanagement-Werkzeug, das Spaß macht und deshalb intensiver genutzt wird als Wikis.

- ▶ *Videoclips:* Professionelle Video-Jockeys oder ein interessiertes Teammitglied filmen mit und schneiden die entscheidenden Szenen zusammen.

- ▶ *Mindmaps:* Konsequente Auflösung der Ergebnisse jeder Prozessstufe in gedanklich sortierenden Grafiken. Hier sind insbesondere die analytischen Denker im Team gefragt.

Mit allen Ansätzen haben wir mal gute, mal weniger gute Erfahrungen gemacht. Bei den meisten Design-Thinking-Projekten kommt ein wilder Mix zum Einsatz. Es scheint uns kein Zufall, dass auch die englischsprachige Design-Thinking-Literatur die Dokumentationsproblematik galant umgeht. Aber wir vertrauen darauf, dass Design Thinking in absehbarer Zukunft auch für diese Leerstelle im Prozess eine innovative Lösung hervorbringt – und sich als Methode damit selbst stärkt.

Geplant ungeplant

In den letzten zehn Jahren wurden mit Design-Thinking-Methoden Hunderte Innovationen erfolgreich in die Welt gebracht. Der US-Pharmakonzern Pfizer hat dem Rauchentwöhnungsmittel Nicorette mit Design Thinking zum Marktdurchbruch verholfen. Die Swisscom verdankt der Methode (und seinem Design-Thinking-Team) ein radikal neues und erfolgreiches Preismodell. Ein japanischer Fahrradkomponentenhersteller kam durch Design Thinking auf das wunderbar komfortable Coasting-Bike. Ohne Design Thinking gäbe es in Jugendzimmern keine Nintendo Wii und an der Berliner Universitäts-Klinik Charité keinen »Onkolizer« – eine App für Tablet-PCs, die Ärzte bei der Behandlung von Krebserkrankungen unterstützt und ihnen hilft, Therapiechancen besser abzuschätzen. Diverse minimal invasive chirurgische Apparaturen wären nie erfunden worden, viele Webseiten und Smartphone-Apps wären viel schlechter und bei SAP würde auch niemand von der »Bypass-Lösung« sprechen. Damit sollen neue Betriebssoftwareanwendungen künftig sehr viel schneller und günstiger und parallel zu bestehenden IT-Infrastrukturen installiert werden.

Nein, an Best Practices mangelt es heute nicht mehr, auch wenn Skeptiker das immer wieder behaupten. Dennoch stoßen Design-Thinking-Projekte nach wie vor an organisationale Grenzen. Wer objektiv auf die Design-Thinking-Landschaft im Jahr 2013 schaut, muss leider auch beobachten: Es werden in vielen Projekten viele gute Ideen erdacht und zu Erfolg versprechenden Lösungen geschärft. Es werden gute Prototypen gebaut, die wertvolle Erkenntnisse liefern. Und wenn das Produkt im Grunde reif für den Markt ist, bereit, sich als echte Innovation im Sinne zu erweisen, zieht irgendjemand den Stecker. Den Prototypen ergeht es noch schlechter als den vielen wunderbaren Automobilstudien, die zumindest einmal auf einer Messe zu sehen sind, bevor sie dann nicht umgesetzt werden. Denn sie landen direkt im digitalen Papierkorb oder, wie unsere Disketten-Lesegerät-Turm-Monster, auf dem Schrott.

Zu viele Design-Thinking-Projekte schaffen den Sprung in die Implementierungsphase nicht.

Die so kraftvolle Methode mit ihren kalifornischen Wurzeln scheint (noch) nicht kompatibel mit den dominierenden Unternehmens- und Innovationskulturen aus dem 20. Jahrhundert. Also jenen Kulturen, in denen die Wachstumsmärkte der industriellen Massenproduktion so erfolgreich waren. Das ist nicht verwunderlich. Der Kern der Massenproduktion war die Planbarkeit. Die im 20. Jahrhundert groß gewordenen Unternehmen kämpfen heute systemisch und emotional damit, dass diese Planbarkeit nicht wiederkommen wird. Design Thinking legt den Finger in diese Wunde. Es führt Führungskräfte die großen Dilemmata unserer wirtschaftshistorischen Epoche direkt vor Augen.

Wer mit Design Thinking arbeitet, muss ständig abwägen:

- Planungsnotwendigkeiten versus Unsicherheit,

- Ausprobieren versus Wirtschaftlichkeit,

- stabile Abteilungsstrukturen versus fluktuative Teams.

Für Innovation im Allgemeinen und für die Methode Design Thinking im Besonderen ergibt sich hieraus eine große Chance. Die beschriebenen Dilemmata sind es, die Management heute so spannend machen. Die Zeit ist reif. Design Thinking muss als Managementmethode nun die nächste Stufe nehmen und schneller mehr Ergebnisse liefern. Konkret heißt das: Es muss in der Implementierungsphase besser werden. Isolierte Teams in Design-Thinking-Projekten werden diesen Sprung nicht schaffen. Die Organisation muss die Prinzipien verinnerlichen.

ORGANISATION

DESIGN THINKING ALS MANAGEMENTMETHODE

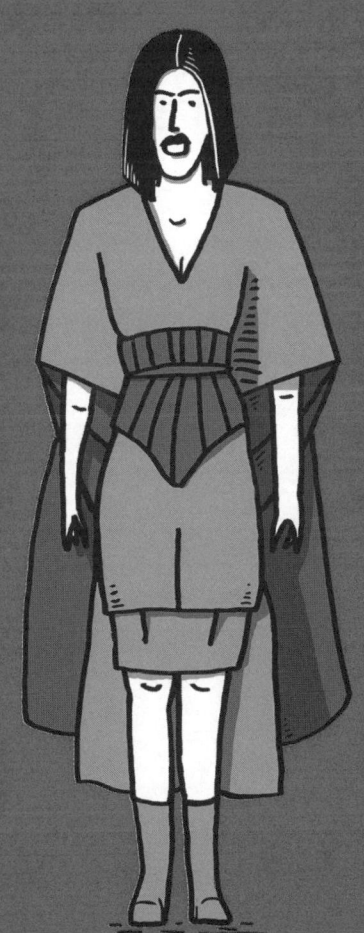

VERSION 1

VERSION 22

VERSION 6,547

IV. Organisation – Design Thinking als Managementmethode

»Warum ist Madonna eigentlich nach so vielen Jahren auf der Bühne immer noch so verdammt cool?« Diese Frage stellte eine andere, deutlich jüngere, aber in ihrer hyperaktiven, nerdigen Art ebenfalls verdammt coole Frau bei einer Präsentation vor Studenten der Universität Stanford im Jahr 2006. Madonna hatte sich zu diesem Zeitpunkt zum x-ten Mal neu erfunden. Oder wie die coole, junge, nerdige Frau sagt: »Madonna iteriert sich immer selbst. Sie ist zu keinem Zeitpunkt perfekt, sondern versteht sich selbst als Prototypen, den sie ständig verbessert.«

Der Auftritt ist in einem pixeligen Youtube-Video mit schlechter Tonqualität unter dem Titel »Marissa Mayer at Stanford« dokumentiert.[41] Damals war die Informatikerin Mayer noch keine internationale Managementgröße, sondern Vice President Search Products and User-Experience. In dem Vortrag stellt die aktuelle Yahoo-Chefin die wichtigsten Innovationsprinzipien von Google vor, die sich anhören wie das Inhaltsverzeichnis zu einem Praxishandbuch von Design Thinking. Dabei fällt der Begriff Design Thinking nur am Rande, als sie von einem Projekt mit IDEO-Chef Tom Kelley berichtet.

Dreizehn Jahre ihres Berufslebens hat Mayer als Ingenieurin, Designerin, Produktentwicklerin und Innovationsstrategin bei Google verbracht. Sie war an der Entwicklung und Einführung nahezu aller wichtigen Google-Produkte von Google Search über GMail, Google News, Google Earth, Google Books und Google Maps maßgeblich beteiligt. Und sie hat die unerreicht einfache Google-Startseite mitentworfen und gestaltet. Mayers Innovationsleitbild ist so klar wie ihre Designs:

Marissa Mayer ist eine der erfolgreichsten Innovatorinnen der Welt. Öffentlich tritt sie nicht als Design-Thinking-Botschafterin auf. Sie nutzt die Prinzipien mit einer verinnerlichten Selbstverständlichkeit. Und sie gestaltet Organisationen, in denen Innovationsfreude ihre volle

Kampf der Innovationskulturen

Eventually everything connects.

CHARLES EAMES, Designer

Kapiert meine Mutter auf Anhieb, worum es bei dem Produkt geht?

Wirkung entfalten kann. Wir sind gespannt, ob Mayer den leckgeschlagenen Tanker Yahoo mit ihrer Art des Innovationsmanagements wieder flott bekommt. Vielleicht ist das der ultimative Test für die transformative Kraft, mit der Design Thinking große Organisationen und ihre Geschäftsmodelle verändern hilft. Sollte der Versuch misslingen, wird er viele Skeptiker mit gut arbeitender linker Gehirnhälfte auf den Plan rufen. Sie werden es dann schon immer gewusst haben: Man darf es auch nicht übertreiben mit dem Wunsch, ein Unternehmen neu zu erfinden. Die erfolgskritische Größe dabei wird sein, ob es Marissa Mayer gelingt, die Prinzipien von Design Thinking schnell und tief genug in der Unternehmenskultur zu verankern. Und zwar so schnell und so tief, dass die Skepsis gegen grundlegende Innovation eben nicht zur selbsterfüllenden Prophezeiung wird. Denn genau das ist die Realität, mit der Design Thinking in Organisationen zu kämpfen. Diese Realität ist ein Innovationskulturkampf.

Design Thinking im Konjunktiv

Design Thinking macht es möglich, systematisch gedankliche Glasdecken zu durchbrechen. Leider erfolgt dieses Denken meist noch im Konjunktiv. Wer sich in der langsam entstehenden europäischen Design-Thinking-Szene bewegt, hört sehr oft folgende Geschichte:

Wir haben wunderbar disruptive Ideen entwickelt. Wir haben wunderbare Prototypen gebaut. Wir haben sehr Erfolg versprechende Tests gefahren und wertvolle Beobachtungen gemacht. An dieser Stelle der Erzählung setzt dann der Konjunktiv ein: Alles wäre bereit gewesen. Wir wussten, wie wir den Prototypen in Richtung Markteinführung hätten weiterentwickeln können. Es hätte so schön werden können. Wenn die Idee, die zum Sprung zur Innovation ansetzte, nicht irgendwo in der Organisation zerrieben worden wäre. Fast hätte es geklappt, so lautet die traurige Schlusspointe vieler zeitgenössischer

Design-Thinking-Geschichten. Design Thinking im Konjunktiv macht auf Dauer keinen Spaß.

Scheitern gehört zum Geschäft. Das betonen Design Thinker immer wieder. Damit ist allerdings nicht gemeint, dass Inventionen aus Design-Thinking-Prozessen systematisch aussortiert werden sollten, bevor sie in die Nähe der Implementierungsphase kommen – und damit keine Chance haben, sich als potenzielle Innovationen den Auswahlkräften am Markt zu stellen.

»Ohne die volle Unterstützung des Topmanagements hat Design Thinking in großen Unternehmen keine Chance, die erwünschten Ergebnisse zu liefern«, fasst Andreas Erbe seine Erfahrung aus einem Jahrzehnt Design Thinking zusammen.[42] Über Jahre war er bei der Swisscom als Design-Thinking-Pionier tätig. Kürzlich hat sich der Schweizer mit der Innovationsagentur Launchlabs selbstständig gemacht hat. Diese Einschätzung aus der Innenperspektive einer innovativen Organisation wie der Swisscom deckt sich mit unseren Erfahrungen als externe Berater. Design Thinking, die Methode, die mehr Neues schneller in die Welt bringen möchte, hat selbst ein Henne-Ei-Problem. Das liegt nicht nur an jenen situativ auftauchenden Advokaten des Teufels, die wir aus dem Meeting kennen. Das Problem wurzelt tiefer. Die Design-Thinking-Prinzipien stehen grundlegend im Widerspruch zu nahezu allen gängigen Managementprinzipien. Sie passen nicht zu den Organisationsstrukturen, auf denen unsere Unternehmen fußen. Sie sind nicht kompatibel mit der Art und Weise, wie wir Ressourcen planen und verteilen. Das Problem ist:

Wir haben in den ersten drei Kapiteln dieses Buches immer wieder betont, dass ein großer Vorteil der Methode in der Möglichkeit besteht, sie schrittweise einzuführen. Im Meeting, im Workshop, im Projekt. Davon sind wir nach wie vor überzeugt. Seinen Durchbruch erleben, also durch

Ein bisschen Design Thinking macht in klassisch strukturierten Organisationen relativ viel Arbeit, bringt aber naturgemäß nur ein bisschen Fortschritt.

Design Thinking hat das Potenzial, Management selbst neu zu erfinden.

die Decke gehen wird Design Thinking aber erst, wenn innovative Köpfe in der Managementetage seinen eigentlichen Wert erkennen:

Gary Hamel, nach Einschätzung von *The Economist* »der König unter den Strategiegurus«, macht in seinem Buch *Das Ende des Managements* eine interessante Beobachtung. Der Innovationsdruck wächst stetig. Darüber sind sich im Grunde alle Manager in nahezu allen Branchen einig. Aber unsere Managementmethoden, mit denen wir Unternehmen führen, stammen aus der ersten Hälfte des 20. Jahrhunderts. Hierarchien mögen ein wenig flacher geworden sein, Führungskräfte über etwas mehr Sozialkompetenzen verfügen, aber im Grunde, so Hamel, habe sich an der Art und Weise nichts geändert, »in der Ihr Unternehmen Ressourcen zuteilt, Budgets festlegt, Macht verleiht, die Mitarbeiter belohnt und Entscheidungen fällt«.[43] Wir würden beim zeitlichen Horizont der Managementkontinuitäten noch etwas weiter zurückgreifen.

Hierarchische Führung gab es schon in der ostafrikanischen Savanne, als der Mensch so langsam lernte, auf zwei Beinen zu laufen. Alle agrarisch geprägten Zivilisationen hielten daran fest, und im europäischen Lehnswesen des Mittelalters fand hierarchische Führung als Managementmethode oft eine besonders brutale Ausprägung. Bereits die Fugger kannten das Prinzip der doppelten Buchführung. Die Stablinienorganisation stammt aus dem frühen 19. Jahrhundert. Napoleon hat sie als militärisch-organisationale Innovation eingeführt und von Clausewitz hat sie für Preußen kopiert.

In der ersten Hälfte des 20. Jahrhunderts war Management am innovativsten. Der Fordismus, Geburtsjahr 1904, bestimmt bis heute, wie wir Abläufe standardisieren und Skaleneffekte erzielen. Die Prozesskostenanalyse ist ein Erbe der 1920er Jahre. Die Grundlagen des Markenmanagement waren bis zum Ende der 1930er allesamt erfunden.

Organigramme großer Unternehmen sahen 1955 nicht anders aus als heute. Mit etwas Wohlwollen können wir das Toyota-Prinzip aus den 1960er Jahren mit der systematischen Einbindung des Könnens und Wissens jedes einzelnen Mitarbeiters als grundlegende Managementinnovation zählen. Danach kamen nur noch Ableitungen von Altbekanntem; Rekombinationen mit dem Ziel, Effizienz zu steigern.

Dieser Mehrwert wird dann (hoffentlich) halbwegs fair geteilt wird. Management, wie wir es heute kennen, hat diese Aufgabe mit Bravour erfüllt. Es hat die Massenproduktion perfektioniert und damit Milliarden Menschen den Weg zu bezahlbaren Konsumgütern geebnet, die ihr Leben besser machen. Das Management, wie wir es kennen, hat eine gigantische Leiter gebaut, auf der Massen die Maslowsche Bedürfnispyramide hochklettern können, von den Grundbedürfnissen bis hinauf zur Selbstverwirklichung. Das hat in den letzten hundert Jahren unter anderem deshalb so wunderbar funktioniert, weil Manager mit ihrer Exekutionsmacht von allen anderen Ebenen im Unternehmen ständige Innovation gefordert haben. Es mag ein menschlicher Grundzug sein, aber das ändert nichts an einer eher unschönen Tatsache: Während die Technologie in den letzten Jahrzehnten disruptive Innovationen im Akkord hervorbrachte, hat sich das Management in Sachen Innovationsdruck eine Ausnahme gegönnt. Der Innovationstheoretiker Hamel findet dafür ein schönes Bild: Management geht es wie dem Verbrennungsmotor. Er wurde immer leistungsfähiger und effizienter. Aber es ist an den Grenzen seiner systemimmanenten Verbesserungsfähigkeit angelangt.[44] Das Verhältnis aus Mehrwert und Grenznutzen bedarf eines genauen Blicks.

Management ist die wichtigste Erfindung in der Wirtschaftsgeschichte. Denn Management ist die Fähigkeit, andere Menschen dabei anzuleiten, ökonomischen Mehrwert zu produzieren.

Erneuerung und Kopierschutz

Aus der Helikopterperspektive beobachtet, wurde in den letzten drei Jahrzehnten mit zunehmender Geschwindigkeit und Intensität auf vier Ebenen innoviert:

▶ Prozesse,

▶ Produkte,

▶ Marken,

▶ Geschäftsmodelle.

Das Ziel ist auf allen Innovationsebenen das Gleiche. Auf ein Wort reduziert lautet es: Wettbewerbsvorteil. Das Problem dabei: Innovation auf diesen vier Ebenen bietet leider immer weniger Schutz vor Copycats. Die Wettbewerbsvorteile nivellieren sich immer schneller. Die Gründe im Detail dafür sind auf den vier Innovationsstockwerken unterschiedlich.

1. **Auf der Ebene der Prozesse** fällt Kopistentum am leichtesten. Denn hier regiert das eher schlicht gestrickte Primat der Effizienz. Ziel von Effizienzmanagement ist es, etwas vereinfacht ausgedrückt, Leerlauf im System zu beseitigen. Das ist, ebenfalls vom Helikopter aus betrachtet, ein Rattenrennen. Denn zwei Trends sorgen dafür, dass sich Effizienz in allen gut geführten Unternehmen annähert und sich damit Wettbewerbsvorteile nivellieren. Wir greifen alle auf die gleichen IT-Tools zurück, um Effizienz zu steigern. Damit gleichen sich leider auch die Prozesse an. Cloud-Anwendungen werden diesen Trend noch beschleunigen. Wenn es einem Unternehmen dennoch gelingt, durch innovativ zusammengesteckte Prozesse einen Wettbewerbsvorteil zu erzielen, greift der zweite nivellierende Trend: Heerscharen von Beratern tragen die Innovation zur Konkurrenz. Für Unternehmensprozesse gibt es keinen Patentschutz. Aber Patente nützen ja nicht einmal mehr auf der Produktebene viel.

Wo wir auch hinschauen: Der Produktschutz bröckelt. **2.**
Technische Innovationen lassen sich nur für sehr begrenzte
Zeit exklusiv halten, und abstruse Patentschlachten wie
sie sich Apple und Samsung derzeit liefern, bestätigen diesen Trend eindrucksvoll. Richter konnten den Wert von
Patenten noch nie realistisch beurteilen. Heute kommt
erschwerend hinzu, dass die Technologie in vielen Fällen bereits überholt sein kann, wenn endlich ein Urteil
verkündet wird. Alle Smartphones sind in ihrer Klasse
gleich gut. Genau wie alle Autos in ihrer Klasse die gleichen Fahreigenschaften, die gleiche Sicherheitstechnik
und die gleiche Unterhaltungselektronik bieten. Bei den
Industriegütern nähern sich die Effizienzgrade von Kraft-
werksturbinen genauso an wie die Leistungsmerkmale von
Mähdreschern. Die Auftragsfertigung und die Aufspaltung
der Wertschöpfungsketten in Zuliefernetzwerke sind extrem effizient und verschaffen Herstellern und Markenar-
tiklern kurzfristig Wettbewerbsvorteile. Aber genau diese
arbeitsteilige Aufspaltung hebt gleichzeitig den Kopierschutz all der gefertigten Produkte auf. Wenn das Produkt
eine skalierbare Dienstleistung ist, eine Finanzdienstleistung zum Beispiel, gilt das Gleiche – nur stärker. Sie ist in
ihrem Kern IT-basiert und damit – siehe oben – noch leichter von jungen hungrigen Unternehmern zu plagiieren, die
das Buch *Kopf schlägt Kapital*[45] des Berliner Entrepreneur-
ship-Professors Günter Faltin gelesen haben. Darin steht
nämlich, wie kleine Unternehmen heute in einer Welt mit
mietbaren Produktionsumgebungen und modularen Call-
center-Angeboten große Unternehmen angreifen können:
Indem sie das Gleiche machen, nur besser auf kleinere
Zielgruppen zugeschnitten.

Eine starke Marke zieht ihre Kraft aus Emotionen. Kun- **3.**
den vertrauen ihr, finden sie trendig oder fühlen sich
durch die Produktnutzung als Teil einer wie auch immer

beschaffenen Gemeinschaft. Gute Markenführung baut diese Emotionen systematisch auf und bedient sie langfristig. Dabei schöpfen die Marketer oft aus der Unternehmensgeschichte. Der Härtegrad des Innovationsschutzes ist auf dieser Ebene nach wie vor höher. Eine gute Marke lässt sich nicht von heute auf morgen aufbauen. Aber auch die Marke ist als Wettbewerbsvorteil angezählt. Der Aufstieg von ehemaligen Billigheimern aus Fernost ins mittlere und gehobene Markensegment zeigt, dass auch globale Markenführungstechnik kopierbar ist, wenn strategisch kluge Köpfe sie mit ausreichend finanziellen Mitteln angehen. Samsung, Hyundai und Kia, Singapore Airlines, Huawei und HTC sind nur die Vorboten einer globalen Verlagerung der Markenmacht. Man bewegt sich auf relativ sicherem Eis mit der Prognose: Die Markenstärke wird der Produktionsstärke nach Asien folgen.

4. **Mehr als ein Drittel der Unternehmen**, die in den letzten zehn Jahren in die Fortune 500 aufgestiegen sind, schaffen dies durch Geschäftsmodellinnovation.[46] Eine ganze Gründergeneration arbeitet sich zurzeit an der Start-up-Bibel *Business Model Generation* von Alexander Osterwalder[47] ab. Der Präsident der Zeppelin Universität, Stephan Jansen, beklagt, dass Geschäftsmodellinnovation ein seltsam vernachlässigtes Stiefkind der Innovationsforschung ist, und fordert, den wissenschaftlichen Fokus in diese Richtung zu schärfen. Dafür gibt es gute Gründe. Ein gutes Geschäftsmodell verschafft Gründern nicht nur Schnellzugang zu Start-up-Kapital im Überfluss, sondern härtet den Plagiatsschutz der Organisation, ob alt oder jung, erheblich. Sollte man meinen. Doch was unterscheidet Zalando von Zappos? Richtig. Nichts. Nicht einmal das Look-and-feel der Marke. Es ist heute möglich, die Betriebsprozesse, die Produkte, das Marketing und das Geschäftsmodell eines Unternehmens eins zu eins zu kopieren. Das Original,

das die Innovation in die Welt gebracht hat, besitzt noch einen zeitlichen Vorsprung, First-Mover-Advantage genannt. Mehr nicht. Und unter diesen Voraussetzungen schließt sich dann gleich noch die Frage an: Ist die Position des First Mover überhaupt noch erstrebenswert? Oder ist Rolle als smarter Follower nicht nur bequemer, sondern bringt zusätzlich auch noch bessere Erfolgschancen mit sich, da die Kopisten ja aus den Fehlern des Originals lernen können?

Fassen wir zusammen: Nicht-innovative Unternehmen verschwinden vom Markt. Gleichzeitig werden Prozess-, Produkt- und Geschäftsmodellinnovationen immer schneller und besser kopiert. Das können wir bedauern und ebenfalls vom Markt verschwinden. Oder wir gehen den nächsten Innovationsschritt und innovieren das Management selbst. Design Thinking liefert nicht die Inhalte, aber das Protokoll dazu.

Wir verwenden diese Übung im Kontext »Verstehen«. Ziel ist es, implizites Wissen schnell und ungefiltert explizit und kommunizierbar zu machen (Brain Dump). Die hier vorgestellte Übung greift zentrale Elemente der Wertschöpfungsanalyse auf. Sie kann ab einer Größe von zwei Teams mit mindestens 4 Teilnehmern durchgeführt werden.

Man benötigt zwei Räume, die groß genug sind, dass man sie durch zwei Metaplanwände trennen kann. Pro Gruppe benötigt man 16 bis 20 Seiten halbiertes Packpapier in Metaplanformat. Zur Vereinfachung sprechen wir von Fahnen. Dazu noch ausreichend DIN-A4-Papier sowie eine Grundausstattung an Stiften, Post-its, Moderationskarten et cetera.

Anmoderation 1: Erläuterung Wertschöpfung

Wertschöpfung erfolgt in Stufen. Ein einfaches Beispiel zur Erläuterung ist der Kugelschreiber. Stufe 1 könnte die Beschaffung der Einzelteile (Hülle, Mine, Feder, Clip) sein, Stufe 2 die Montage, Stufe 3 die Verpackung, Stufe 4 Vertrieb und Auslieferung an den Großhandel und Stufe 5 dann Vertrieb und Auslieferung an den Handel beziehungsweise den Großkunden. Von Stufe zu Stufe wird der Preis für den Stift steigen. Es wird ersichtlich, dass hier eine Wertsteigerung, eine Wertschöpfung stattfindet. Gleichzeitig wird sichtbar, dass es nicht trivial ist, solche Ketten zu bauen. Es gibt Sonderserien und Auftragsfertigungen, bei denen Werbung auf der Hülle ist. Es gibt technisch unterschiedliche Kugelschreiber. Hier unterscheiden sich die Schreiber von der Minimalvariante bis hin zum Luxus- und/oder High-End-Produkt.

Den Teilnehmern wird schnell klar: Wir brauchen umfangreiche Kenntnisse über diesen Markt, um die Wertschöpfungskette oder besser noch das Wertschöpfungssystem zu beschreiben. Ziel ist es, ein Wertschöpfungssystem vollständig – also auch hier »end to end« – zu erfassen:

Wir definieren Wertschöpfungsstufe als physischen und/ oder logischen Ort gleicher Verrichtungen. Um obiges Beispiel aufzugreifen. Die Tätigkeiten sind »beschaffen«, »montieren«, »verpacken«, »vertreiben«, »transportieren« et cetera. Einen schöne Übung ist es, den Anbau einer Tomate mittels Wertschöpfungsstufen zu beschreiben. Neben dem Ort gleicher Verrichtung stellen wir darauf ab, ob es sich um eine geschlossene, in sich logische Tätigkeit handelt. Wir prüfen, ob die Wertschöpfungsstufe sourcing- oder produktfähig ist, also ob ein Dritter sich ausschließlich auf diese Verrichtung konzentrieren könnte.

Das Tomatenbeispiel verdeutlich den Ansatz: Bei der Aufzucht von Tomaten könnte einer der ersten Schritte sein, die Saattöpfe vorzubereiten. Konkret: spezielles Plastikgefäß zu einem Drittel mit Erde füllen, Saatballen einsetzen, mit Erde auffüllen, wässern und warm stellen. Wenn die Feuchtigkeit auf gut 30 Prozent gesunken ist, kann das Saatgut eingebracht werden. Ein Besuch im Gartencenter zeigt: Tatsächlich kann man die Einzelteile (Topf, Erde, Ballennetz et cetera) kaufen. Es gibt aber auch vorbereitete Töpfe und es gibt High-End-Produkte, nämlich vorbereitete Pflanztöpfe mit Feuchtigkeitsangabe, Biozertifikat et cetera.

Hier wird klar, dass wir Wertschöpfungsstufen unterschiedlich abgrenzen können und es im Ökosystem üblich ist, dass Produkte und Halbfertigprodukte mit unterschiedlicher Wertschöpfungstiefe angeboten werden. An dieser Stelle wird ersichtlich, dass die kleinste in sich geschlossene Einheit der Fertigung als Wertschöpfungsstufe taugt und dass Unternehmen sehr gut aus der Perspektive der Wertschöpfungstiefe beschrieben werden können.

TOOL

9

Die Grafik zeigt den üblichen Aufbau, den wir verwenden, um eine Wertschöpfungsstufe (engl. stage) zu beschreiben.

Jede Wertschöpfungsstufe bekommt einen Namen, der beschreibt, was dort passiert. Gemäß der Devise »Ein Bild sagt mehr als tausend Worte« wird dann die Wertschöpfungsstufe visualisiert.

Art und Gegenstand sind offen. Im einfachsten Fall zeichnen wir die zentrale Tätigkeit. Nach dem Bild sollten die Tätigkeiten auf dieser Stufe beschrieben werden. Eine einfache Stufe umfasst nur eine Tätigkeit. In der Regel findet man drei bis fünf Tätigkeiten pro Wertschöpfungsstufe. Nach den Tätigkeiten kommen die Kernkompetenzen.

Der Begriff der Kernkompetenz wird oft falsch verstanden. Wir neigen intuitiv dazu, als Kernkompetenz das zu beschreiben, was wir am besten können. Wir greifen dieses falsche Verständnis in der Moderation auf und stellen klar: Kernkompetenzen sind die Tätigkeiten, die Fertigkeiten und das Wissen, die zu Wettbewerbsvorteilen führen. Im günstigsten Fall sind diese Vorteile dauerhaft oder, noch besser, größer werdend.

Wettbewerbsvorteile erlangen Unternehmen im Regelfall dadurch, dass sie etwas anders machen und/oder etwas besser können als die Konkurrenz.[48] Wenn Kernkompetenzen immer wieder zu Vorteilen führen sollen, dann muss sich dies in der Forschung und Entwicklung (F&E) niederschlagen. Deshalb wird diese als Nächstes bei der Beschreibung der Wertschöpfungsstufe genannt. Es muss gelingen, das Ziel der F&E in drei bis fünf Sätzen zu beschreiben.

Kernkompetenzen werden offensichtlich durch Konkurrenten bedroht. Deshalb beschreiben wir abschließend den Markt und den Wettbewerb. Dabei sollen die wichtigsten Spieler auf dem Markt genannt werden. Anzahl, Größe, Marktmacht, Verhandlungsstärke et cetera sind Kriterien, nach denen man diese sortieren kann. Idealerweise sollte die Marktsituation mit einem Bubble Chart visualisiert werden, das wir mit zwei Achsen durchkreuzen. Auf den Achsen tragen wir zwei wettbewerbsrelevante Kriterien auf, wie etwa Grad der Diversifikation und Anzahl der Marketingkanäle. Idealerweise spannen diese Achsen den Markt gut auf, also trennen die Unternehmen von einander. Als dritte Information wird die Unternehmensgröße oder Stärke über die Größe oder Stärke der Bubbles transportiert.

Die Entwicklung von Diskriminatoren kann als Zwischenübung eingebaut werden.

Die beiden Gruppen – zur Vereinfachung A und B genannt – werden in je zwei Teams A1 und A2 sowie B1 und B2 aufgeteilt. Jedes Team muss nun mindestens acht Wertschöpfungsstufen benennen und mithilfe der Tätigkeiten charakterisieren. Der Titel wird auf eine Moderationskarte geschrieben, die Tätigkeiten werden gemalt. Ziel ist es, möglichst viele Stufe zu definieren. Die Einschränkung ist, dass es tatsächlich Unternehmen gibt, die sich ausschließlich auf diese Tätigkeit konzentrieren oder zumindest diese Tätigkeit gesondert anbieten.

A1 und B2 gehen nun zu den korrespondierenden Gruppen B1 und A2. Dort führen A1 und B2 eine kleine Pantomime auf. Konkret tanzen diese beiden Teams den Kollegen eine Wertschöpfungsstufe vor.

Die Teams B1 und A2 schauen den Tänzern zu und müssen nach einer Minute eine Stufe benennen und die zugehörigen Tätigkeiten aufschreiben. Wenn dieser Titel schon auf einer Moderationskarte stand und es eine Zeichnung dazu gibt, dann bekommt die zuschauende Gruppe einen Punkt – wenn es die richtige Stufe war. War es die falsche oder eine neue Stufe, bekommt das tanzende Team den Punkt. Wir vergeben die Punkte, indem wir Aufkleber auf die Revers der Tänzer und Zuschauer kleben. Die zuschauende Gruppe belegt eine der Fahnen mit Titel und Bild und trägt in Reinschrift die Tätigkeiten ein. Die Gruppe, die getanzt hat, geht in den eigenen Raum zurück und belegt eine Fahne mit Titel und Bild und trägt ebenfalls die Tätigkeiten in Reinschrift ein.

Nach einer weiteren Minute starten wir die nächste Runde. Wir tauschen über Kreuz. Vorher war A1 bei B1 und B2 bei A2. Deshalb geht jetzt B2 zu A1 und A2 zu B1, und es wird wieder getanzt. Nach dem Tanzen und Zuschauen wird geschrieben, dann wieder getanzt und so weiter. Wir machen in der Regel mindestens acht Durchläufe beziehungsweise so viele, bis nur noch ein Team Titel und Zeichnungen übrig hat. Pro Titel und Zeichnung gibt es nun noch einmal einen Punkt.

Da die Übung ziemlich komplex ist, machen wir oft einen oder zwei Probeläufe, bis sich das Ganze eingespielt hat. Erst dann setzen wir die Teams unter Zeitdruck.

Aufgabe 3 – Reunion and Deep Dive

Die Teams A1 und A2 bilden wieder eine Gruppe, analog B1 und B2. Die Stufen werden gegenseitig präsentiert, dann werden redundante Stufen entfernt oder überlappende Stufen neu geschnitten. Gleichzeitig wird festgelegt, wer im Team welche Stufe beschreibt oder wer zeichnet, wer schreibt. Am Ende des Deep Dive müssen mindestens acht Wertschöpfungsstufen mittels Fahnen visualisiert sein. Wir geben den Gruppen für den Abgleich in entspannter Atmosphäre 15 bis 30 Minuten Zeit. Danach machen wir eine Zeitvorgabe von 5 Minuten pro Stufe und takten die Gruppe nach diesem Schema.

Aufgabe 4 – Feedback geben

Nach der Methode »I like, I wish, I give« präsentieren sich die Gruppen A und B gegenseitig ihre Ergebnisse. Pro Stufe sollten hier zwei Minuten für die Vorstellung und zwei Minuten für Feedback gerechnet werden. Zwischen den Stufen nehmen wir eine Minute Puffer. Bei acht Stufen braucht man pro Gruppe also rund 40 Minuten Zeit. Nach Aufgabe 4 sollten eine Regeneration und ein Wechsel im Modus vorgenommen werden.

TOOL
9

Management, wie wir es kennen, hatte in der industriell geprägten Ökonomie vor allem eine Aufgabe: Sie programmierte Organisationen auf Reproduktion. Wiederholung produzierte Skaleneffekte. Wenn ein Unternehmen erfolgreich war, wurde es durch skalierte Wiederholung noch größer. Der Erfolg der Vergangenheit ließ sich damit in die Zukunft extrapolieren – unter der Voraussetzung, dass die Unternehmensführung ihr Handwerk verstand. Damit einher ging eine Ikonisierung der Führungspersönlichkeiten, die objektiv betrachtet durchaus berechtigt schien. Aufsichtsräte konnten mit relativ hoher Wahrscheinlichkeit davon ausgehen, dass die Erfolgreichen von gestern ihre Erfolge morgen wiederholen würden. Denn sie waren Manager in einem relativ berechenbaren System.

Dieses System beruhte auf drei Grundprinzipien:

- Do the right things!
- Do things right!
- Get things done with the right people!

In industriellen Wachstumsmärkten mit planbarer »Absatzwirtschaft« und berechenbarer Konkurrenz ist es vergleichsweise einfach, die richtigen Dinge in richtiger Form mit den richtigen Leuten zu wuppen. Management schuf die dazu passenden Routinen auf den Ebenen der Prozessabläufe, der Organisationsstruktur und der Personalführung. Und Größe schützte vor Marktversagen.

»*To big to fail*« ist mittlerweile ein Kapitel der Vergangenheit, und Nokia ist nur der Anfang des nächsten. Es wird nicht mehr nur Mittelständler treffen, deren Verschwinden vom Markt allenfalls in der Lokalzeitung für Aufsehen sorgt, sondern es wird die Dinosaurier unter den Unternehmen erwischen.

Wir leben in einer Zeit umfassender ökonomischer Paradigmenwechsel und allgegenwärtiger Dilemmata, in

einer nun wirklich flachen Welt, in der jedes Geschäftsmodell kopiert werden kann oder die Konkurrenz zumindest smarte McKinsey-Berater engagiert, die das eigene
Geschäftsmodell sezieren, neu durchmischen und effizienter wieder auf die Füße stellen. In einer Welt des Hoch-
geschwindigkeitswettbewerbs in noch so kleinen Markt-
segmenten. Unter den demografischen Bedingungen der
ehemals sogenannten »Ersten Welt«, in der es an allen
Ecken und Enden an Talenten fehlt. Kurzum, in einer Welt-
wirtschaft, in der sich Erfolg von gestern eben nicht mehr
qua Masse und Vertriebsstärke in die Zukunft übertragen
lässt. In Zeiten wie diesen weiß kein Manager mehr, was
die richtigen Dinge sind, die er sauber umsetzen sollte.
Und wer sind die richtigen Leute überhaupt?

Wir wiederholen es (in diesem Buch) an dieser Stelle
ein letztes Mal: Die Stärke von Design Thinking besteht
darin, gedankliche Hürden einzureißen und Dogmen radikal infrage zu stellen. Bezogen auf die Neuerfindung des
Managements sind wir gut beraten, als Ausgangspunkt
aller Überlegungen das Dogma der Effizienzsteigerung
infrage und ein menschliches Urbedürfnis in den Mittelpunkt zu stellen: die Frage nach dem Sinn.

Die Frage nach dem Sinn

Das Wort »Design« weist etymologisch den Weg. Im Lateinischen setzt es sich aus »de« und »signare« zusammen. Es verweist also auf die Entschlüsselung von Sinn, was Robert Verganti in seinem stilprägenden Buch Design-Driven Innovation auf die brillante Formel »*Design is making sense of things*«[49] herunterbricht. Ein Manager im 21. Jahrhundert muss nicht tun, was ein Manager eben tun muss. Genauer: Er kann nicht tun, was er tun muss, weil er nicht weiß, was er tun sollte. Er hat leider keine funktionierende Blaupause mehr. Bevor der Manager sich mit dem Was beschäftigt, muss er zunächst wissen, *warum* er etwas tun sollte. Verganti denkt diesen Zusammenhang vom Produkt her. Sein Credo, das sich durch das ganze Buch zieht, lautet:

People do not buy products but meanings.
Kunden kaufen keine Produkte, sondern Sinn und Bedeutung.

Diesen Gedanken können wir auf die Organisation zurückspiegeln. Der englische Begriff »meaning« ist für den Unternehmenskontext schwer zu übersetzen. Behelfen wir uns mit »Sinn und Bedeutung«. Unternehmen, die ihren Sinn und Bedeutung gefunden haben, sind heute innovativ und erfolgreich. Sie finden wie von selbst die für sie richtige Organisationsstruktur. Dabei bedienen sie in aller Regel selbst ein menschliches Urbedürfnis. Sinn und Bedeutung eines Unternehmens, das die Design-Thinking-Prinzipien verinnerlicht hat, sind konkret genug, um als innerer Wert eine stabile Klammer der Organisation zu bilden. Sie sind gleichzeitig weit und unscharf genug gefasst, sodass sich das Unternehmen regelmäßig selbst neu erfinden kann. Google macht (mal wieder) vor, wie es geht.

Sinn und Bedeutung des Unternehmens Google lautet: Wir organisieren das Wissen der Welt neu. Damit bedient Google ein menschliches Urbedürfnis. Es kann sich die Mitarbeiter aussuchen, die Teil dieser Mission sein wollen. Die Organisationsstruktur gleicht eher der einer Elite-Universität als der eines klassischen Unternehmens. In dieser Struktur entwickeln hoch motivierte Schlauköpfe nahezu unschlagbar nutzerorientierte Produkte, die ein menschliches Urbedürfnis der Kunden bedienen. Der Kreis schließt sich virtuos, wenn wir auf das Geschäftsmodell schauen. Google verdient sein Geld mit *Targeted Advertising*, Also auf jeden Nutzer in Echtzeit individuell zugeschnittene Werbung. Das bedeutet im Klartext: Google monetarisiert das Urbedürfnis jedes einzelnen Nutzers, sich Zugang zum Wissen der Welt zu verschaffen, das Google für ihn neu organisiert und in bequemen Häppchen reicht.

Anschlussfrage: Wie attraktiv und zukunftsfähig sind Organisationen, deren Sinn und *Meaning* lautet ...

- ▸ Freude am Fahren,
- ▸ Vorsprung durch Technik,
- ▸ Das Beste oder Nichts?

Zugegeben: Automobilhersteller würden auch nicht von sich behaupten, dass ihre Werbe-Claims den Sinn und Bedeutung ihrer Organisation angemessen beschreiben. Interessant wird es bei der Nachfrage: Wie lautet er denn? Wir haben diesen Test mit mehreren wichtigen Entscheidern der Branche gemacht – und in ausgesprochen ratlose Gesichter geschaut.

Tammy Erickson, die kluge Analytikerin von Gegenwart und Zukunft der Arbeit, hat diesen Satz in Bezug auf die Motivation von Mitarbeitern der Generation Y geprägt.[50] Die Formulierung gewinnt eine noch viel umfassendere Kraft, wenn wir sie in den Kontext von Unternehmensbedeutung und Geschäftsmodell stellen.

Meaning is the new money. Sinn und Bedeutung ist die neue Währung.

Wenn es einem Unternehmen gelingt, ein *Meaning* zu finden, das ein tief im Menschen verwurzeltes Bedürfnis stillt, kann es wie Google zum Weltkonzern aufsteigen. Wenn es dabei auch noch mit einem gängigen Dogma, also einer von allen Marktteilnehmern akzeptierten Grundregel bricht, hat es den Schlüssel zu disruptiver Innovation gefunden und sein Geschäftsmodell wird nur noch sehr schwer kopierbar.

Design Thinking ist die Methode für die Suche nach Sinn und Bedeutung, weil ihr die Suche nach dem menschlichen Bedürfnis inhärent ist.

Unter menschlichen Bedürfnissen verstehen wir in humanistischer Tradition und in Anlehnung an das Konzept der gewaltfreien Kommunikation von Marshall B. Rosenberg und Carl Rogers unter anderem:

- Physische Bedürfnisse,
- Sicherheit,
- Verständnis/Empathie,
- Kreativität,
- Liebe/Intimität,
- Spiel,
- Erholung,
- Autonomie,
- Sinn.

Bedürfnisse, gestillt oder ungestillt, drücken sich in Gefühlen aus. Wer Emotionen genau beobachtet, kann wie Marshall und Rogers damit Konflikte lösen. Oder eben Ideen für neue Produkte entwickeln. Design Thinking liefert in diesem Sinne das Bindeglied vom Bedürfnis zum Produkt, zum Geschäftsmodell, zum Sinn und Zweck einer Organisation. Der Gedanke lässt sich erneut umdrehen. Wenn ein Unternehmen sein *Meaning* entdeckt und klar vor Augen hat, ergibt sich daraus nicht nur die Organisationsstruktur wie von selbst. Aus Sinn und Bedeutung leiten sich auch das Managementmodell und die Fähigkeit ab, diese in einer Neuauflage von Perpetual Beta – also einem ständigen Verbesserungsprozess mithilfe aller Beteiligten – auf Managementebene ständig zu innovieren. Unternehmen mit Sinn und Bedeutung wissen, welche Dogmen sie freilegen müssen, um durch Umkehrung dieser Dogmen neue Geschäftsmodelle zu entwickeln – mit neuen Marken und neuen Produkten. Kurz gesagt:

Aus Meaning folgt Management. Aus den beiden folgen immer wieder neue Geschäftsmodelle mit erfolgreichen Marken, Produkten und Abläufen.

Wir werden am Ende dieses Kapitels noch einmal darauf zurückkommen.

Die Innovationspyramide

Nicht nur die Automobilindustrie hat sich in den letzten Jahren zu wenig Gedanken darüber gemacht, was das *Meaning* ihres wirtschaftlichen Schaffens ist. Im Grunde geht es allen erfolgsverwöhnten Branchen des 20. Jahrhunderts so. Vermutlich kann man dies dem Management nicht einmal ernsthaft vorwerfen. Es lief ja, und es galt die alte IT-Regel: »Never change a running system.« Doch wenn das alte System nicht mehr läuft, weist die Design-Thinking-Innovationspyramide den Weg zu einem neuen. Die Managementliteratur hat viele Innovationspyramiden entworfen. Wir leiten unsere aus den Überlegungen zu systemisch verankertem Kopistentum und der sich daraus ergebenden Schwierigkeit ab, Wettbewerbsvorteile zu erhalten. Dafür drehen wir die Ebenen nach Kopierschutz-Härtegrad um und setzen das zu innovierende Management obenauf. Die Suche nach Sinn und Bedeutung bildet die Spitze, die am Himmel kratzt.

▶ Meaning,

▶ Management,

▶ Geschäftsmodell,

▶ Marke,

▶ Produkte,

▶ Prozesse.

Diese Pyramide wird zu einem schwer zu schlagenden Innovations-Framework, wenn wir auf allen sechs Ebenen mit den Prinzipien von Design Thinking innovieren.

Abstrakt gesprochen wenden wir also die Design-Thinking-Iteration nicht nur horizontal an – also zur stetigen Verbesserung von Prozessen, Produkten, Marken et cetera. Die Iteration wandert auch vertikal die Pyramide hinauf und zwingt damit die gesamte Organisation, sich durch und durch an Kundenbedürfnissen auszurichten. Und gleichzeitig an den menschlichen Grundbedürfnissen der Mitarbeiter – Führungskräfte inklusive.

Das ist Design Thinking hoch zwei. Wir sind uns der Tatsache bewusst, dass sich dies alles für systemisch geprägte Organisationstheoretiker nach einem wunderbar schlüssigen Gedankenmodell anhören mag, diese Gedanken jedoch in der Praxis auf Widerstand mit Charakter des russischen Winters treffen werden. Denn machen wir uns nichts vor: Innovation ist nur an der Oberfläche ein Konsensbegriff.

Innovation ist, wenn der Markt »Hurra!« schreit.

Es ist unklar, von wem dieses Zitat im Original stammt. Gesichert ist, dass die meisten Führungskräfte bei dieser populären Ableitung des gängigen Verständnisses von Innovation als Übersetzung einer Erfindung in messbaren Markterfolg gedanklich mitgehen. Zumindest rhetorisch. Zeigen Sie uns ein Unternehmen, das nicht von sich behauptet: »Wir sind in vielen Bereichen sehr innovativ.« Dann zeigen wir Ihnen einen Eisbären, der seine Fische mariniert, mit Kräutern füllt und grillt, bevor er sie isst.

Unternehmen mit eigenem Meaning wissen, welche Dogmen sie freilegen müssen, um durch Umkehrung dieser Dogmen neue Geschäftsmodelle zu entwickeln – mit neuen Marken und neuen Produkten.

**Das Ende der Organisation
(wie wir sie kennen)**

Der Begriff »Innovation« spielt im Management-Bullshit-bingo-Ranking in einer Liga mit »Customer Centricity« und »Nachhaltigkeitsstrategie«. Es sind Lippenbekenntnisse, die unter der Oberfläche Abwehrreaktionen hervorrufen, wenn jemand die Frechheit besitzt, Innovation tatsächlich mit Kraft voranzutreiben. Auch das lässt sich systemimmanent wunderbar erklären.

Der Wert mit der höchsten Gültigkeit und Wertschätzung in den meisten großen Organisationen ist *Zuverlässigkeit*. Innovationen sind das Gegenteil von zuverlässig. Jeder Versuch, Neues in Märkte zu bringen, bedeutet kurzfristig ein hohes Risiko, Geld zu versenken. Die Kräfte der Reaktion behalten dummerweise fast immer Recht. 15 von 16 Produkteinführungen scheitern.[51] Erschwerend kommt hinzu, dass Innovation als Geburtshelfer den Schlendrian braucht. Effizienz tötet Kreativität. Die dominierende Gattung der Vorstände mit Controller-Mindset findet es aber wenig sinnstiftend, Kreativen ein Schlendrian-Leben im Unternehmen zu finanzieren.

Auch wenn den meisten Führungskräften bewusst ist, dass fehlende Innovation langfristig ein extrem hohes Risiko in sich trägt, schauen sie primär auf das kurzfristige Risiko und setzen weiter auf Effizienzsteigerung. Der Design Thinker Roger Martin spricht in seinem Buch *The Design of Business* von Management mit Algorithmen. Er geht die gängigen Managementpraktiken Werkzeug für Werkzeug durch und kommt dabei zu folgendem Ergebnis:

► Enterprise Resources Planning (ERP) hilft dabei, mit Echtzeitdaten Ressourcen effizient einzusetzen. Aber ERP bringt keine robuste Unternehmensstrategie hervor.

► Customer-Relationship-Management-Systeme (CRM) liefern wertvolle Erkenntnisse über Kundenpotenziale, aber sie sind kein Ersatz für eine persönliche Verbindung zwischen Kunden und Verkäufer.

▸ Six Sigma und Total Quality Management (TQM) treiben Unternehmen die Verschwendung aus, helfen aber kein Stück dabei, neue Geschäftsmodelle zu finden.

▸ Wissensmanagement-Systeme (KM) organisieren das Wissen in Unternehmen neu, aber sie produzieren nie gedankliche Durchbrüche.[52]

Aus Sicht von Innovatoren ernüchternd fällt das Ergebnis aus, wenn wir kurz die Brille jener zahlengetriebenen Controller aufsetzen, unsere Organisationen anschauen und fragen: Wie viele Ressourcen setzen wir eigentlich ein, um die von Roger Martin beschriebenen Funktionen auszufüllen, die im Kern auf kurzfristige Risikominimierung und Effizienzsteigerung ausgerichtet sind? Und wie viel Energie investieren wir in die Fähigkeit, Märkte dazu zu bringen, »Hurra!« zu schreien? Wobei der Hurra-Schrei des Marktes ja strategisch gedacht nichts anderes als langfristiges Risikomanagement ist. Unsere Unternehmen sind voll von »Six-Sigma-Black-Belts«, von Menschen mit schwarzen Gürteln in Effizienzsteigerung. Whirlpool gehört zu den wenigen Konzernen, die Mitarbeiter in vierstelliger Zahl zu »Innovation-Black-Belts« geschult haben.

Die Betonung der Reproduktion bei inkrementellen Verbesserungsschritten widerspricht in unserer Wahrnehmung auf eklatante Weise einem zeitgemäßen Managementverständnis.

Nüchtern betrachtet ist die Art und Weise, wie durchschnittliche Unternehmen das langfristige Risiko der eigenen Ideenlosigkeit absichern, eine Katastrophe. Aber da die Mehrheit der Manager weder dumm noch kurzsichtig ist, gibt es auch dafür eine rationale Erklärung. Die Erfahrungen, die Führungskräfte machen, wenn sie Innovationsbemühungen außerhalb der klassischen

Die Aufgabe von Management ist es, Innovationen herbeizuführen. Alles andere lässt sich an Maschinen delegieren. Denn Reproduktion ist programmierbar.

Entwicklungsabteilungen fördern wollen, sind in aller Regel ebenfalls ernüchternd. Gary Hamel beschreibt das in seinem neuen Buch *What matters now*[53]. Die meisten Unternehmen, so Hamel, praktizierten eine Art »Innovations-Apartheid«. Die Führung sei davon überzeugt, dass im Unternehmen ein paar genetisch begünstigte Super-kreative sitzen, an die sie den Innovationsprozess delegieren können. Der tumbe Rest sei im besten Fall zu inkrementellen Mini-Innovationen fähig. Diese Wahrnehmung finden die Führungskräfte durch die vielen Innovations-vorschläge bestätigt, die aus den Reihen der Unkreativen bekommen. Sie kämen ja sehr wohl immer wieder mit Vor-schlägen um die Ecke, aber die seien in der Regel erschre-ckend wenig durchdacht.

Interne Ideenwettbewerbe, in Deutschland gerne »betriebliches Vorschlagswesen« genannt, geben der Hoff-nung auf eine kreative Reserve im Unternehmen den Rest. Das Management sieht sich dann mit der Tatsache konfron-tiert, dass die meisten Wettbewerbsideen inkrementelle No-Brainer, also Selbstläufer sind, oder aber fluffige Visi-onen ohne den Hauch einer Umsetzungschance. Wenn der Berater Hamel dann systematische Innovationstrainings vorschlägt, antworten die CEOs: »Wir haben schon zu viele Ideen. Die können wir doch eh nicht alle weiterverfolgen.« Hamels Gegenfrage lautet dann: »Wie viele Ideen haben Sie, die sowohl radikal sind als auch praktisch umsetzbar erscheinen?« Die Antwort kennt jeder Innovationsberater. »Davon haben wir leider nicht genug.« Oft ist die Kennzif-fer hierzu null.

Design Thinking kann für Innovation das werden, was Six Sigma für die Qualität in der Produktion ist.[54]

Genau das ist der Grund, warum Organisationen Design Thinking mit der gleichen Ernsthaftigkeit ein-setzen müssen wie ERP-Systeme, CRM, Six Sigma und Wissensmanagement.

Weil es durch seine abduktive Logik – also im Sinne des amerikanischen Philosophen Charles Sanders Peirce nicht induktive oder deduktive, sondern in die Zukunft springende Logik[55] – in Verbindung mit der Nutzerorientierung systematisch Lösungen hervorbringt, die sowohl radikal als auch praktikabel sind.

Roger Martin prognostiziert:

Der Trick dabei ist: Wenn wir Design Thinking auf allen Ebenen der Innovation von den Prozessen über Produkt und Management bis zum *Meaning* anwenden, verstetigen wir die Veränderung im Unternehmen und schaffen damit ein System, das ständig neue Wettbewerbsvorteile hervorbringt. Man könnte böse formulieren: Wir heben das Rattenrennen der Erneuerung auf eine neue Stufe. Vielleicht ist das so. Ein Strom kurzfristiger Wettbewerbsvorteile ist besser als die Klage über Copycats, die alles genauso machen, nur ein bisschen effizienter.

Am Sockel der Innovationspyramide können wir mit Design Thinking selbst noch effizienter werden. An der Spitze, bei Design Thinking als Managementmethode, schaffen wir ein sich selbst verstärkendes System. Wir bauen mit Design Thinking einen Spiegel, der jede Managementinnovation reflektiert. Und zwar mit Design Thinking.

 Das hat übrigens nichts gemein mit den »Unternehmer-im-Unternehmen-Konzepten« der 1990er Jahre, die jüngst unter dem Label »Intrapreneurship« eine Renaissance erfuhren. Sie alle kranken und krankten daran, dass sich der Mitarbeiter im Unterschied zum Unternehmer die eigene Aufgabe, den Geschäftszweck, nicht aussuchen konnte. Damit wurde echtem Unternehmertum im Unternehmen schon vom Ansatz her der Boden unter den Füßen weggezogen.

Es wird bald die ersten Organisationen geben, in denen Management nicht einmal mehr den Geschäftszweck vorgibt, sondern nur noch eine Plattform darstellt, auf der Mitarbeiter ihr eigenes Ding machen. Vielleicht werden diese Organisationen scheitern, weil sie zu wenig Bindekraft

»The most succesful businesses in the years to come will balance analytical mastery and intuitive originality in a dynamic interplay that I call design thinking.«[56]

In letzter Konsequenz bedeutet dies: Das ganze Unternehmen wird dabei zu einem Ort, in dem sich Management als Gastgeber versteht und die gemeinsame Ernte organisiert.

haben. Weil sie es nicht schaffen, Skaleneffekte zu erzielen und effizient zu arbeiten. Aber vielleicht werden sie Glasdecken durchbrechen, weil sie Mitarbeitern die Möglichkeit geben, mit Unterstützung einer kollektiven Organisation ihren eigenen Sinn und Zweck zu finden. Es wären Genossenschaften neuen Typs, deren Mitglieder Kompetenzen und Infrastrukturen teilen und in denen Selbstorganisation und Co-Creation so selbstverständlich sind, dass die beteiligten Netzwerkarbeiter sich kaum noch vorstellen können, dass Arbeit einmal anders organisiert war. Einen Prototypen wäre eine solche Unternehmensplattform auf jeden Fall wert.

Die meisten Unternehmen werden diesen Ausbruch aus der Matrix nicht wagen. Zu Recht. Design Thinking ermöglicht es, die Welt neu zu denken. Aber es leitet nicht dazu an, erprobte Modelle über Bord zu werfen, nur um sie über Bord zu werfen.

Dies im Hinterkopf bleiben wir allerdings davon überzeugt, dass die meisten Unternehmen zu oft und zu viel Energie auf den unteren Ebenen der Innovationspyramide investieren. Es geht uns wie den Entwicklern von Verbrennungsmotoren. Wir müssen immer mehr Aufwand betreiben, um immer weniger herauszuholen. Es geht uns wie Kleinkindern im Alter von zehn bis zwölf Monaten. Sie versuchen immer schneller zu krabbeln und immer weiter zu kommen, und das kostet sie immer mehr Mühe. Sie stoßen an eine Glasdecke. Irgendwann, von heute auf morgen, stehen sie einfach auf. Und laufen los.

»Aufgrund der Leichtigkeit des Ansatzes und der schnellen Erlernbarkeit und auch der angenehmen Protagonisten in diesem Spiel glaube ich, dass Design Thinking keine jener Methoden ist, die kurzzeitig populär sind und von denen morgen keiner mehr redet. Design Thinking ist kein Hype. Der Erfolg wird sich verstetigen«, kommentiert der Siemens-Manager Michael Meyer.[57] Er gehört zu einer rapide wachsenden Fraktion von Top-Führungskräften mit gut ausgebildeter linker Gehirnhälfte, die Design Thinking als Innovationsmethode dauerhaft in Organisationen verankern wollen. Viele dieser Manager mit Neugier auf Design Thinking berichten von internen Abwehrreaktionen. Sie selbst fühlen sich hin und wieder im Sinne von Gary Hamel als Häretiker. Als Ketzer, die eigentlich durch Decken denken wollen, aber ständig gegen die Wand laufen.

Unter dieser Sorte von Management-Pionieren hat sich eine lebhafte Metadebatte darüber entspannt, wie die Transformation in Richtung Design-Thinking-Organisation am besten vorankommen kann. Oder um zur Ausgangsfrage dieses Kapitels zurückzukehren: Wie kann Design Thinking vom Konjunktiv möglichst schnell in den Indikativ wechseln? Ob top-down, weil ein C E O daran glaubt. Oder bottom-up, durch immer überzeugendere Best-Practice-Beispiele im Kleinen?

In den meisten Organisationen wird dieser Prozess konvergent verlaufen – gleichzeitig von oben nach unten und von unten nach oben. Wenn er weit genug vorangeschritten ist, passiert in unserer (Eigen-)Beobachtung etwas Erstaunliches. Die Methode verselbstständigt sich.

Wir nutzen Design-Thinking-Elemente, ohne darüber nachzudenken. Situativ, wie es gerade passt, ohne es zu merken. Wenn Design Thinking diesen Grad der Verinnerlichung erreicht hat, kann man die Methode eigentlich hinter sich lassen.

Design Thinking wird zu einer Selbstverständlichkeit.

Und dann kann wirklich Großes entstehen.

Dig the dogma. And invert it.
Leg Dogmen frei. Und dreh sie um.

Damit wären wir bei der letzten, wichtigsten und größten Design-Thinking-Regel angelangt.

Der Markt ist voller Scheinwahrheiten. Wer ein Dogma findet, das sich überholt hat, hält den Schlüssel zu einer disruptiven Innovation bereits in der Hand.

▸ Vor Henry Ford war es ein Dogma zu glauben, dass mehr Lohn Arbeiter faul mache. Fords Unternehmervision wird oft auf die Erfindung des Fließbands reduziert. Seine eigentlich revolutionäre Leistung jedoch war, dass er den Lohn seiner Arbeiter verdreifachte. Er reduzierte die Fluktuation, steigerte die Produktivität dramatisch und machte produktive, vergleichsweise gut verdienende Arbeiter zu Kunden.

▸ Toyoda Kiichirōs wirtschaftshistorische Leistung bestand darin, mit dem Dogma zu brechen, Arbeiter als Wesen mit zwei Händen zu betrachten, die dummerweise auch noch einen Kopf haben. Die Umkehrung dieses Dogmas ermöglichte Selbstorganisation. Die kollektive Intelligenz der Organisation baute plötzlich die erfolgreichsten Autos der Welt.

▸ Larry Page und Sergey Brin invertierten die allgemeingültige Wahrheit, dass Neugierige für Informationen bezahlen müssen. Google bietet Nutzern einen Tausch an: Sag mir, was du wissen willst. Dann weiß ich, wie ich das Wissen der Welt neu organisieren kann, worauf sich dieses wunderbare, werbefinanzierte Geschäftsmodell bauen lässt.

Ein Dogma ist überholt, wenn ein Häretiker, ein Ketzer, in sich oder an anderen beobachtet, dass der Markt ein menschliches Bedürfnis nicht bedient. Wenn er eine Idee, oft mit dem Rückenwind technologischer Paradigmenwechsel, zu einer marktfähigen Lösung entwickelt und dann die bestehenden Markteintrittsbarrieren überwindet. Der letzte Schritt ist bekanntlich besonders hart. Das Neue hat schon deshalb viele Feinde, weil es das Leben der Bewahrer unbequem macht.

Als der Leichtathlet Dick Fosbury zu seinen undogmatischen Hochsprüngen ansetzte, überlegten die Sportverbände kurz, die neue Technik zu verbieten. Zu gefährlich sei sie, argumentierten die Advokaten des Teufels. Die Mehrheit der Sportfunktionäre aber akzeptierte: Dieser Anarchist mit Erfindergeist erlaubt es der Sportart, sich weiterzuentwickeln.

Design Thinking hält zu gedanklichem Anarchismus an. Und gibt ihm mit seinem Iterationsprozess und seinen Methoden einen gedanklichen Rahmen, der Innovationssprünge ins nächste Stockwerk erlaubt. Es erlaubt Ihnen, durch die Decke zu denken.

Die Anarchisten von heute sind die Unternehmer und Topmanager von morgen.

Sie werden es erleben – wenn Sie es ausprobieren.

DIGGING FOR THE DOGMA

(ANALYSESCHLÜSSEL FÜR ERFOLG VON UNTERNEHMEN)

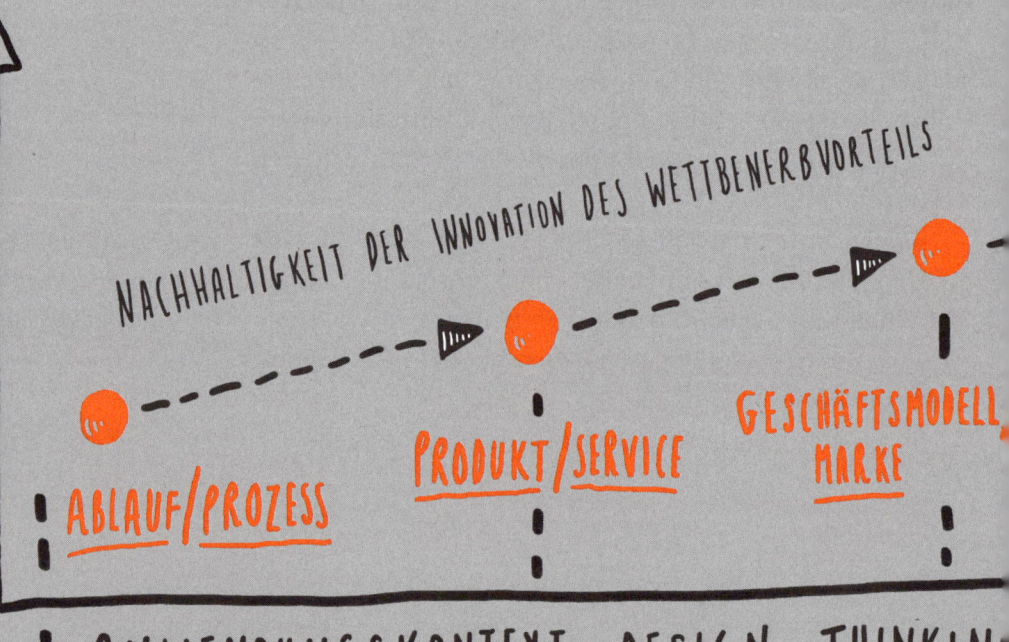

HÄRTEGRAD DER INNOVATIONEN

NACHHALTIGKEIT DER INNOVATION DES WETTBENERBVORTEILS

ABLAUF/PROZESS

PRODUKT/SERVICE

GESCHÄFTSMODELL MARKE

ANWENDUNGSKONTEXT DESIGN THINKIN

MEETING
GESPRÄCH

WORKSHOP
PROJEKT

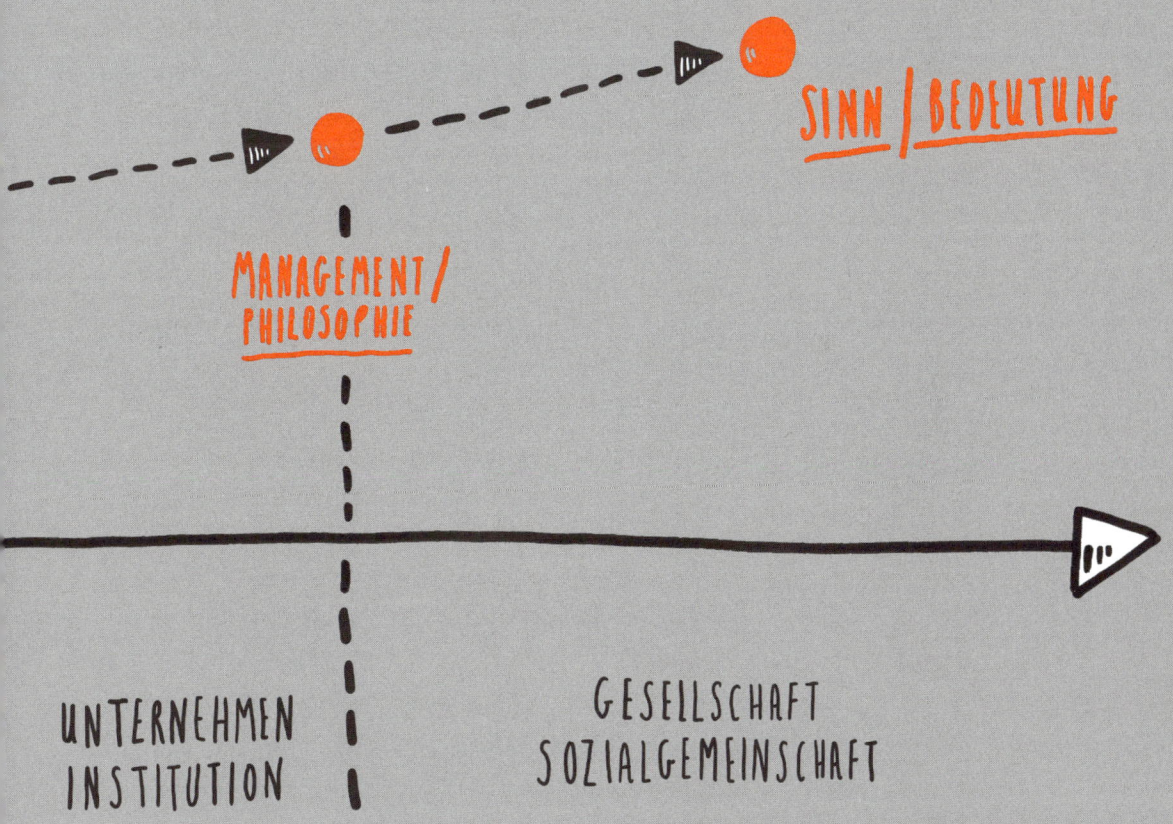

SINN / BEDEUTUNG

MANAGEMENT /
PHILOSOPHIE

UNTERNEHMEN
INSTITUTION

GESELLSCHAFT
SOZIALGEMEINSCHAFT

▶ **Step 1:** *Don't Talk! Do!*
Raum einrichten (Tische, Wände, Material).
In einem Mini-Projekt ein einfaches Thema wie Report,
Präsentation, Angebot et cetera mit Design Thinking
verbessern.

▶ **Step 2:** *Your Are Not Alone!*
Kernteam ausbilden (5 bis 10 Mitglieder) und pro
Person ein Projekt machen lassen. Idealerweise
Anzahl der Design-Thinking-Räume auf 5 erhöhen.

▶ **Step 3:** *Change Your Meeting Culture!*
Meetings finden grundsätzlich in den Design-
Thinking-Räumen statt. Dabei setzen wir die Design-
Thinking-Techniken immer ein, wenn es sinnvoll ist.

▶ **Step 4:** *Show the Power!*
Kritische Themen, die keiner angehen wollte, werden
mit Design-Thinking-Projekten gelöst. Zentrale
Spieler (Vorstände, Bereichsleiter, Vorbilder)
praktizieren Design Thinking. Die nächsten 25 bis 50
Design-Thinking-Moderatoren werden ausgebildet.
Wer Design Thinking exzellent beherrscht, macht im
Unternehmen schnell Karriere.

▶ **Step 5:** *Dig the Dogma and Invert It!*
Mithilfe von Customer Journey und Value Chain
Analysis wird die Position des Unternehmens
in seinem Markt grundsätzlich überprüft, neue
Wachstumspotenziale werden identifiziert.
Strategie, Geschäftsmodell und Marke rücken in
den Fokus der Arbeit mit Design Thinking.

▶ **Step 6:** *Innovate Management Itself!*
Das Management hat Design Thinking verinnerlicht.
Und stellt sich selbst mit Design Thinking infrage.

▶ **Step 7:** *What's your company's meaning?*

THE TRANSFORMATION PYRAMID

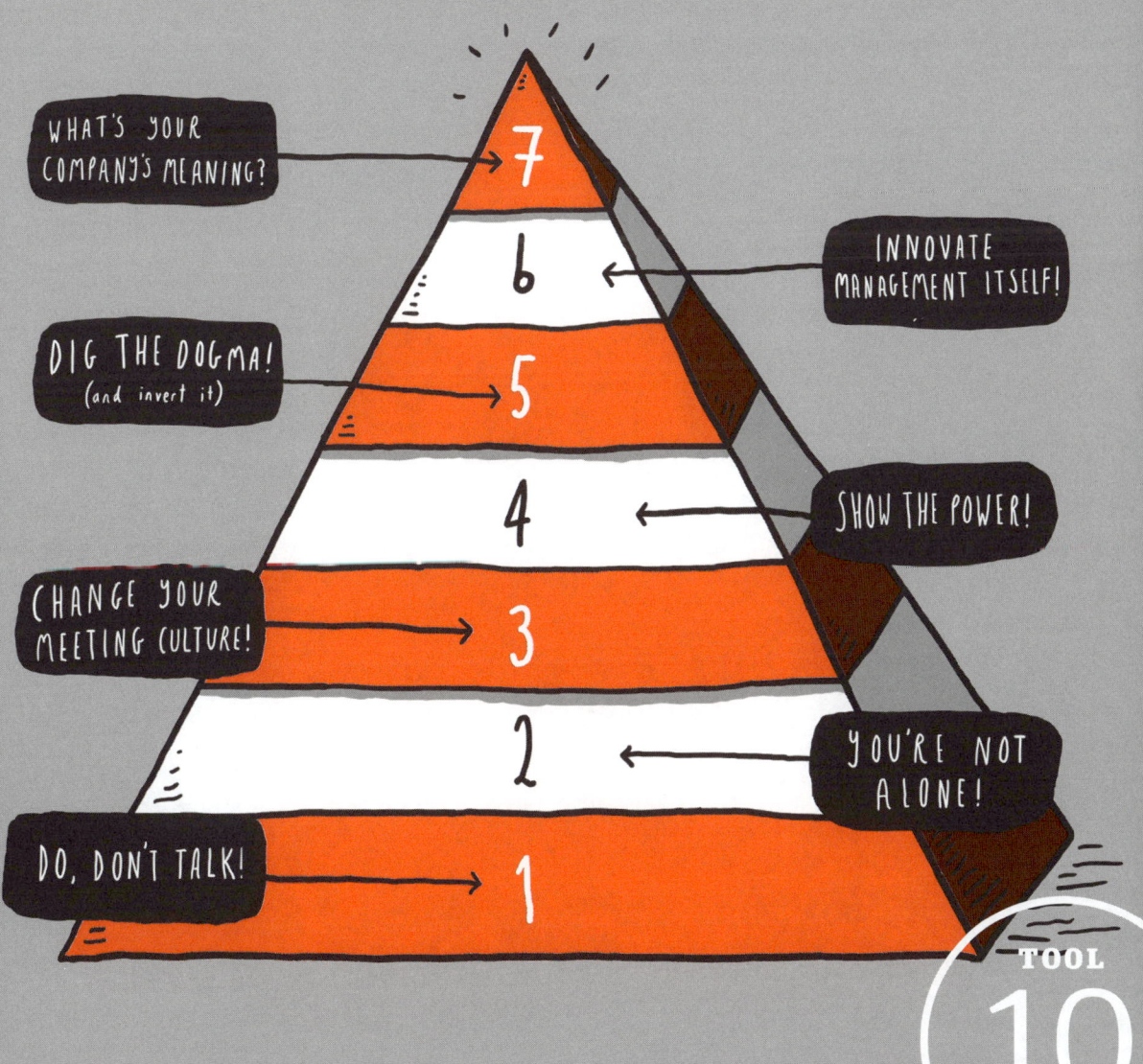

WHAT'S YOUR COMPANY'S MEANING?

INNOVATE MANAGEMENT ITSELF!

DIG THE DOGMA! (and invert it)

SHOW THE POWER!

CHANGE YOUR MEETING CULTURE!

YOU'RE NOT ALONE!

DO, DON'T TALK!

TOOL 10

Interviews

Andreas Erbe, Gründer der Design-Thinking-Agentur Launchlabs Switzerland, zuvor Head of Design Academy Swisscom

Seit fünf Jahren. Zumindest unter diesem Namen. Davor arbeitete ich mit Elementen von Design Thinking, ohne es zu wissen. Zum Beispiel in der Entwicklung des Projektmanagements. Dafür war ich bei Swisscom verantwortlich. Es ging sehr viel um Coachings, sehr viel um Feedback. Es ging sehr viel um Sachen wie kollegiale Fallberatung. Die Methoden waren im Prinzip ganz nah am Design Thinking dran. Als mir Design Thinking begegnet ist, war es für mich wie ein fehlendes Puzzleteil: Da ist das, was ich schon die ganze Zeit suchte, aber nicht in Worte fassen konnte.

Seit wie vielen Jahren befassen Sie sich mit der Methode Design Thinking?

Ich glaube, im Moment ist der Begriff sehr hilfreich, um Manager auf etwas hinzuweisen: dass sich gute Designer schon seit Jahrzehnten an wirklichen Bedürfnissen orientieren. Und dass diese über Methoden verfügen, sich Menschen wirklich anzunähern. Management kann davon lernen.

Wofür braucht man dieses Label Design Thinking? Es hat ja ein gewisses Hype-Element. Gute Innovatoren hatten schon immer ein Methodenset, um Innovation in die Welt zu bringen.

Nicht unbedingt da, wo man es vermutet. Bei der Swisscom beispielsweise hat Design Thinking im Pricing eine Riesenwirkung gehabt. Ziel war es, neue Preispläne zu entwickeln, und der Leiter des Einzelkundengeschäfts hat uns ganz klar gesagt: »Ich will Preispläne haben, die anders sind, die uns abheben, die uns differenzieren, und die unsere Kunden binden. Ich kann und will nicht einfach eine neue Variante von den Preisplänen haben, die wir schon immer hatten.« Es begann ein langwieriger Prozess, der insgesamt sehr aufschlussreich ist. Für das erste Projekt haben wir sechs Wochen bekommen. Ich bin mit meinem Input da gegen eine Wand gelaufen. Die ganzen traditionellen Entwicklungsweisen für Preispläne, die

Damit die Lernbereitschaft steigt, braucht es überzeugende Beispiele. Wo hat Design Thinking grundlegende disruptive Innovationen hervorgebracht?

wurden einfach abgespult von den Bereichen Controlling, Strategie, Marketing, Communications und so weiter. Der Auftraggeber war dann sehr unzufrieden. Genau das hatte er ja nicht gewollt. Es wurde ein neues Projektteam aufgesetzt, das hatte drei Monate lang Zeit, mit radikal neuen Preisplänen um die Ecke zu kommen, und auch die waren »Pricing as usual«. Dasselbe wie immer, nur ein bisschen an den Zahlen gedreht. Und dann hat der Leiter des Einzelkundengeschäfts gesagt: So, jetzt hole ich meinen Feuerwehrmann, einen erfahrenen Manager, der die ganzen Design-Thinking-Ansätze verinnerlicht hat.

Was lief dann anders?
Mit welchem Ergebnis?

Der neue Projektleiter ist ein Jurist. Ein sehr von Zahlen, Daten und Fakten getriebener Mensch, der aber das Potenzial von Design Thinking erkannt hat und die Gabe hat, Menschen – Kunden und Mitarbeitende – genau dort abzuholen, wo sie sind. Der ist rausgegangen, hat mit Menschen geredet, hat versucht zu verstehen, was die Bedürfnisse sind, hat daraus gewisse Grundannahmen, Key Beliefs, formuliert, hat dann zusammen mit einem Kollegen von mir angefangen zu beschreiben, wie unsere Kunden Pricing erleben sollten. Dabei haben sie sich die ganze Zeit gefragt: Welches Bedürfnis sprechen wir eigentlich an? Und die sind dann mit einer radikal neuen Lösung gekommen. Weg von einem Verrechnen von Datenmengen, hin zu einem Abonnieren von Geschwindigkeit.

Können Sie das näher erklären?

Bislang war es auch bei Kunden der Swisscom so, dass die Nutzer nicht immer genau wussten, was mit ihnen passiert und wann, wenn sie eine bestimmte Menge Daten heruntergeladen oder verschickt hatten. Dieser Mechanismus führt beim Nutzer zu einem latenten Unwohlsein. Im Hinterkopf schwirrt immer die Frage herum: Habe ich schon zu viele Daten heruntergeladen? Was muss ich denn jetzt zahlen und wie viel? Oder wird meine Geschwindigkeit gedrosselt? Dieses ungute Gefühl wollten wir eliminieren. Die neue Pricing-Struktur für den Mobilbereich ist extrem einfach: fünf verschiedene Geschwindigkeiten, jede zu einem bestimmten Tarif. Im Angebot sieht man genau, bei welcher Geschwindigkeit man was tun kann. Diese Preispläne sind ein Riesenerfolg.

Weil die neuen Tarife günstiger sind?

Nein. Es geht nicht um günstiger, sondern um verständlicher und sorgenfrei. Da scheinen wir, basierend auf Nutzerbeobachtung, einen echten Punkt getroffen zu haben. Die Leute wechseln in Scharen in das neue Tarifsystem.

Wie lange hat es bei der Swisscom gedauert, um das Instrumentarium von Design Thinking, die Haltung, die dahintersteht, in einer Unternehmenskultur zu verankern?

Wir sind seit vier Jahren dran und ich glaube, wir haben jetzt die kritische Masse erreicht. Wenn wir zurückblicken, dann merken wir, dass doch einiges gelaufen ist. Wir haben einen kreativen Arbeitsraum geschaffen, wir haben Pricing, ich kann sagen, revolutioniert. Wir haben über tausend Leute in Workshops geschult, wir haben als Design Thinking Unit in x Projekten mitgearbeitet und denen auch unseren Stempel aufgedrückt. Wir haben große Events zum Thema Customer Experience gemacht, die sich jetzt im deutschsprachigen Raum etablieren. Das sind ganz, ganz viele Hebel, an denen wir gezogen haben. Aber es hat wirklich vier Jahre gedauert, bis das passiert ist, was eigentlich passieren musste: dass der CEO und sein Team umgeschwenkt sind von »Ja, das klingt ganz sinnvoll, ich lass die mal machen« hin zu einer Haltung, wo er sagt: »Das ist wirklich etwas, was uns differenziert, und das ist etwas, womit wir unser Price Premium halten können, und ich will, dass sich das durchsetzt in der Organisation.« Das hat er ausdrücklich und laut und deutlich gesagt und damit ist für mich ein Wendepunkt erreicht. Jetzt ändert der Tanker seinen Kurs.

Das ist doch interessant, dass eine Methode, die im Grunde versucht, Hierarchien aufzubrechen, offenbar als wichtigstes Asset die Hierarchie braucht, um sich durchzusetzen.

Eine der Erkenntnisse der letzten vier Jahre ist: Als Design-Thinking-Vorkämpfer braucht man ganz oben mindestens eine Person, die ihre schützende Hand über einen hält. Weil man sonst über kurz oder lang abgeschossen wird. Weil man natürlich gerade bei Reorganisationen, gerade bei Kostensenkungsübungen wunderbar ins Beuteschema der Berater passt, die diese Reorganisation durchführen. Also da braucht es wirklich jemanden, der weiß, dass es eine Weile dauert, bis Design Thinking in einer Organisation Früchte trägt.

Was ist Ihr bestes Tool, um Design Thinking in der Organisation nach vorne zu bringen? Und was ist Ihr ärgster Feind?

Das beste Tool ist, Manager direkt erleben zu lassen, wie sich Kunden verhalten. Man kann sich den Mund fusselig reden über die Methoden oder über den Wert ganzheitlichen Denkens. Da nicken sie alle freundlich mit dem Kopf. Und machen ganz genauso weiter wie vorher. Wenn man sie aber in eine Situation bringt, wo sie sich direkt mit Menschen und ihren Bedürfnissen auseinandersetzen müssen, dann macht es »Klick«. Ich hatte da ein Schlüsselerlebnis mit unserem Customer Support. Wir bekamen die Aufgabe, die Prozesslandschaft effizienter zu gestalten. Wir hatten die ganzen Daten, die ganzen Auswertungen. Wir wussten, welche Prozesse Fehler generieren und welche zu lange dauern. Und welche Prozesse überproportional viele Anrufe von Kunden generieren. Einer davon war die Installation des Internetrouters bei neuen VDSL-Anschlüssen. Das ganze Führungsteam des Customer Support kam rein mit der Erwartung, dass es einen klassischen Process-Redesign-Workshop geben würde. Wir hatten aber im Vorfeld Kunden organisiert, die wir besuchen durften. Den Managern haben wir dann eine VDSL-Box in die Hand gedrückt und gesagt: »Da draußen stehen Taxis, die bringen euch zu Kunden. Die Kunden wissen, dass ihr kommt, installiert mal mit denen den Router, und dann kommt ihr zurück und erzählt uns, was ihr erlebt habt.« Es gab natürlich ein paar ziemlich große Augen, erstaunte Reaktionen. Wir haben ihnen zudem eine Kamera mitgegeben und gesagt: »Macht einfach mal und beobachtet!«

Vor vier, fünf Wochen kam einer der Manager zu mir, der jetzt verantwortlich ist für Prozess-Redesign. Er sagte, dieser Workshop sei für ihn eine der demütigendsten, aber lehrreichsten Situationen seiner Karriere gewesen. Er habe ein für alle Mal verstanden, dass wir nicht nur auf das technisch Machbare schauen dürfen. Oder auf das, was für uns am einfachsten ist. Sondern zuerst darauf, was aus Sicht des Kunden wünschenswert ist. Nur dann werden wir langfristig Erfolg haben.

Was kam dabei heraus? Schlechte Laune?

Wenn Druck und Angst zusammenkommen. Wenn der Druck steigt, zum Beispiel im Zuge einer Reorganisation oder wenn die Zahlen nicht so gut sind, dann fallen viele Manager in den Rechtfertigungsmodus zurück. Sie suchen verzweifelt Zahlen, mit denen sie sich absichern können. Sie sind dann nicht bereit, die Zeit zu investieren, um wirklich zu verstehen, was es bräuchte, um die Situation zu verbessern. Lieber geben sie irgendeine Marktforschungsstudie in Auftrag, eine quantitative, und können dann belegen: Der Kunde hat ja gesagt, er will das haben. Aber wir haben unzählige Beispiele, wo das nicht funktioniert hat. Wo der Kunde zwar A sagt, aber wirklich B will.

Und wo lauert der größte Widerstand gegen Design Thinking?

Der Klassiker ist: Die Kunden schreien nach Personalisierung. Ich möchte es individuell, ich möchte es anpassen können, auf mich zugeschnitten haben. Wenn man das dann umsetzt, dann kommen Anwendungen heraus, bei denen alle fragen: Muss das denn alles so kompliziert sein? Geht es nicht einfacher? Könnt ihr nicht ein bisschen was herausnehmen? Was die Kunden sagen, was sie wollen, entspricht einfach nicht immer dem, was sie wirklich

Zum Beispiel?

haben wollen. Das gilt besonders für die Telekommunikationsbranche, aber sicher auch für viele andere.

Nahezu alle großen Telekommunikationsunternehmen in Europa nutzen heute Design Thinking für ihr Innovationsmanagement. Warum verfängt die Methode gerade in dieser Branche?

Ich sehe zwei Hauptgründe. Die Branche kommt erstens traditionell aus der Technologieecke und Design Thinking ergänzt diese technologische Kompetenz sehr gut. Der zweite und wichtigere Grund scheint mir zu sein: Als Telekommunikationsunternehmen sind wir an etwas Urmenschlichem dran, an Kommunikation. Wir sprechen tiefste Bedürfnisse an. Menschlicher wird es fast nicht. Und deswegen drängt sich Design Thinking bei der Telekommunikation noch mehr auf als bei der Automobil- oder Bankbranche. Denn im Kern kann Design Thinking ja vor allem eines: den innersten Bedürfnissen der Menschen auf die Spur kommen.

Katharina Berger, Head of Design Thinking
Deutsche Bank

Wir sind 2008 über die Universität St. Gallen auf Design Thinking aufmerksam geworden. Ein Jahr später begannen die ersten Projekte.

Wann sind Sie zum ersten Mal über Design Thinking gestolpert und seit wann arbeitet die Deutsche Bank mit Elementen der Methode?

Für mich ist es ein eher unscheinbarer Prototyp. Da ging es um eine Formularsuche. Das hört sich nicht sehr sexy an. Aber der interne Projektverantwortliche hat mir im Anschluss gesagt: Das Design-Thinking-Projekt habe ihm bewusst gemacht, wie sehr er die Architektur im Hintergrund auf neue Funktionalitäten, auf kundenzentrierte Funktionalitäten anpassen muss, damit er überhaupt marktgerecht nach draußen gehen kann. Das fand ich eine absolut geniale Aussage. Denn es geht ja beim Design Thinking nicht darum, die große Show zu machen. Es geht um Innovation. Wenn ein kleiner Prototyp bewusst macht, wie tatsächlich die gesamte IT-Architektur einer bestimmten Anwendung sich verändern muss, um zeitgerecht und kundenzentriert zu sein, dann ist das ein ganz toller Erfolg.

Was ist denn bis dato das Projekt mit der größten Wirkung gewesen?

Aus meiner Sicht bringt uns Design Thinking etwas sehr Wichtiges. Auf den Kunden fokussiert sind wir, und wir tauschen uns im Unternehmen permanent darüber aus, was für den Kunden wichtig ist. Aber Design Thinking fordert uns auf, noch viel stärker in einen Dialog zu treten. Den Kunden zu treffen. Mit ihm zu diskutieren. Unsere Ideen mit ihm zu testen, sein Feedback aufzunehmen und uns von diesem Feedback leiten zu lassen. Da sehe ich den ganz großen Vorteil für unsere Kunden und für die Bank.

Kundenorientierung ist ein zentrales Stichwort der Methode. Banken wird oft vorgeworfen, dass sie als Branche insgesamt zu wenig im Interesse der Kunden agieren. Wie kommt Design Thinking jetzt ins Spiel?

Können Sie das an einem Beispiel beschreiben?

Früher redeten wir in erster Linie mit unseren Beratern, die sagten uns, was sie mit dem Kunden erleben. Das ist eine Variante. Da ist viel stille Post mit dabei. Bei allem guten Willen, bei aller Konzentration kann es der Mensch nicht vermeiden, die Dinge doch durch seine Augen zu sehen. Dann arbeiten wir traditionell mit Fokusgruppen. Aber wenn ich eine Fokusgruppe einlade, kann ich davon ausgehen, dass ich wahrscheinlich der Bank wohlgesinnte Menschen treffe. Nicht absichtlich, es sind die Leute, die auf Einladungen zu Fokusgruppen antworten. Mit Design Thinking gehen wir raus. Wir manifestieren unsere Idee in einem Prototyp, der anfassbar, der erlebbar ist. Und gehen dorthin, wo wir erwarten, den potenziellen Nutzer, den potenziellen Kunden, für den diese Problemlösung geschaffen wird, tatsächlich zu treffen. Der ist unvorbereitet. Genauso unvorbereitet wie er auch sonst auf unsere Produkte trifft. In genau dieser Lebenssituation wird er wahrscheinlich ganz andere Aussagen tätigen.

Wo treffen Sie potenzielle Kunden?

Bahnhöfe und Flughäfen eignen sich sehr gut wegen der Wartezeiten. Die Leute sind dort oft dankbar für ein wenig Ablenkung oder Anregung und diskutieren gerne mit uns. Wir testen unsere Prototypen aber auch in unseren eigenen Filialen. Inhaltlich gehen wir mit einer Art »App-Store-Approach« ran, nach dem Motto: Stell dir vor, du hast das jetzt einem Kunden verkauft, der lädt sich das jetzt herunter, der ist mutterseelenallein, keine Menschen um ihn herum, er muss jetzt damit klarkommen. So müssen auch unsere Prototypen sein. Nicht: Erläutere ihm, wie er es nutzen soll. Sondern: Guck doch mal, wie er es nutzt. Das Beobachten ist ein wichtiger Aspekt.

Ich kann im Grunde jeden Service erlebbar machen, indem ich Kunden bitte, an einem Rollenspiel teilzunehmen. Dann sage ich zum Beispiel zu einem jungen Kunden: »Stell dir vor, du zahlst jetzt auf dein Konto etwas ein. Was bekommst du dann? Was passiert dann? Was ist das Erleben, das du da drumherum hast?« Ich zeige dem Kunden zum Beispiel, dass man bei einem Sparprodukt Tanten und Onkel mit einbinden kann. Dann zeige ich ihm: Guck mal, jetzt hast du deinen Sparvertrag, hier ist dein Konto, du hast doch jetzt Geburtstag. Du kannst hier mal auf den Knopf drücken und deinen Tanten und Onkeln eine kleine Erinnerung schicken. Dass du dir wünschen würdest, dass sie sich an einem Auto oder einem neuen Notebook beteiligen, statt dir Geschenke zu schicken.

Was sind das für Prototypen? Sie haben es als Bank ja in der Regel mit nicht tangiblen Produkten zu tun.

Jetzt haben Sie zum Schluss etwas gesagt, das ich so nicht stehenlassen kann.

Interessant, dass die größte deutsche Bank eine der Speerspitzen ist in einer Branche, die wiederum als eher innovationsfeindlich gilt. Wie schafft es eine Innovationsmethode in eine Branche, die traditionell nicht so wahnsinnig viel Innovation nötig hatte?

....sofern Sie damit meinen, dass Banken seit jeher Kapital sammeln und dieses Kapital dann wieder verleihen.

Weshalb? Das Geschäftsmodell der Banken hat sich seit den Fuggern doch kaum verändert.

Das Modell wurde aber fortlaufend weiterentwickelt. Wer diese Transformation irgendwann einmal nicht mehr geschafft hat, ist aus dem Wettbewerb ausgeschieden. Der jüngste große Innovationszyklus spielt sich seit einigen Jahren vor dem Hintergrund einer immer stärker globalisierten Welt ab. Nein, ich glaube nicht, dass wir innovationsfeindlich sind. Vom Gegenteil können sich unsere Kunden

Es ist ein altes Geschäftsmodell.

zum Beispiel in »Q110 – Die Deutsche Bank der Zukunft« in Berlin überzeugen. Dass wir Banken natürlich zunächst einmal solide und vielleicht sogar auch etwas konservativ sein müssen, das erwarten auch unsere Kunden von uns. Ich arbeite seit 34 Jahren in einem großen Unternehmen und ich sehe sehr viele Dinge, die sich bei uns innovativ verändert haben. Auch in den internen Strukturen. Schon die Tatsache, dass wir überhaupt so etwas wie Design Thinking machen können, ist ein Zeichen dafür.

Bill Gates hat einmal gesagt: »Banking is necessary. Banks are not.« Gibt es für Banken im Privatkunden-, Retailbereich zurzeit die Notwendigkeit, schneller zu innovieren? Junge Konsumenten wollen Bankgeschäfte übers Smartphone abwickeln. Google hat eine europäische Banklizenz. Und Google Wallet. Oha!

Kann man Google schlagen? Das ist eine sehr gute Frage. Google hat ein Image: jung, dynamisch. Das ganze Arbeitsumfeld, total kreativ. Wir müssen genau hingucken, was sich technologisch und im Markt tut. Es gibt ja nicht nur Google Wallet. Die Leute reden über ein iBanking, sie nutzen PayPal, es gibt Wege, wo die Bank mittlerweile nicht mehr im Zahlungsverkehr involviert ist. Da ist die Bank im Zugzwang. Wir müssen reagieren. Wie reagiere ich richtig? Da sehe ich wieder das Potenzial in der Methode. Denn niemand wird uns den richtigen Weg zeigen außer unsere Kunden. Unsere neuen Produkte im Bereich des Mobilbanking wie zum Beispiel der »Zukunftsplaner« oder die »Fotoüberweisung« orientieren sich an den Bedürfnissen unserer Kunden.

Wie schwierig ist es für Sie als Evangelistin einer innovativen Innovationsmethode, in einer großen, konservativ gestrickten Branche Gehör zu finden und Design Thinking den Weg zu bahnen?

Ich sehe sehr viel Resonanz bei den Mitarbeitern. Design Thinking macht Spaß. Davon lassen sich viele anstecken. Ich sehe aber auch: Es ist schwierig, zeitliche Freiräume für Mitarbeiter zu schaffen. Da sind wir in sehr guter Gesellschaft. Ganz egal, mit wem ich rede: Siemens, SAP es ist immer die Frage, haben die Mitarbeiter Zeit dafür. Das ist auch der Kern unseres Konzepts »Embedded Design Thinking«, das wir zusammen mit der Universität St. Gallen entwickelt haben. Wir versuchen so zeitschonend wie möglich unser Expertenwissen in die Design-Thinking-Teams einzubinden.

Ich denke wir liegen bei rund 30 Prozent. Und das halte ich nicht für eine kleine Zahl. Ich glaube, wir sind auf einem sehr guten Weg. Übers Knie zu brechen bringt nichts. Design Thinking in einem Unternehmen zu verankern bedeutet einen grundlegenden Kulturwandel. Der braucht Zeit und die nehmen wir uns.

Wie weit sind Sie schon? Auf einer Skala von 0 (wir fangen gerade an) bis 100 (die Organisation hat es jetzt verdient, eine Design-Thinking-Organisation genannt zu werden)?

**Ideation 3:
Geschwindigkeit**

**Prof. Dr. Erik Spiekermann,
Gründer Edenspiekermann**

Wann sind Sie zum ersten Mal über den Begriff Design Thinking gestolpert?

Irgendwann Mitte der Neunziger bat mich Michael Bierut von Pentagram um einen Beitrag zum Thema »Rethinking Design«. Ich korrigierte das auf seinem Fax (!) zu »Redesign Thinking«. Er nahm das als Repro so in sein Buch auf. Das Buch handelte davon, dass wir als Designer mehr machen können und sollten als nur schöne neue Bilder.

Welche Design-Thinking-Elemente nutzen Sie für Ihre gestalterische Arbeit?

Ich kenne keine vorgegebenen Elemente, weil ich Design Thinking nicht als Lehr- oder Arbeitsmethode kennengelernt habe, sondern weil ich irgendwann gemerkt habe, dass meine Arbeitsweise und mein inhaltlicher Ansatz schon immer das waren, was heute als Design Thinking bezeichnet und damit kategorisiert wird.

In welcher Form ist das hilfreich?

Wir Designer haben die Fähigkeit, also das Talent und die Werkzeuge, Zusammenhänge nicht nur schnell zu erkennen, sondern sie vor allem sichtbar und damit nachvollziehbar zu machen. Diese Fähigkeit dient uns dazu, Prozesse abzubilden und sie in die Zukunft weiterzudenken. Wir können also Ideen nicht nur generieren, sondern auch ihre Umsetzung planen. Design Thinking beschreibt demnach, wie und was Designer denken. Es könnte also auch Designer Thinking heißen.

Sie sprechen von »Scrummen« in der Gestaltung. Was ist das? Wie geht das?

Wie beim *Scrum* im Rugby stellen sich die Mitarbeiter eines Teams, möglichst nicht mehr als sieben, im Kreis auf. Nicht länger als eine Viertelstunde und immer im Stehen wird so der Stand der Projekte diskutiert. Wer ist womit wie weit, was haben wir gestern geschafft, was müssen wir heute schaffen? Wo hakt es, wer braucht Unterstützung, wer ist früher fertig als geplant? In einem Sprint wird immer nur die Arbeit für eine Woche geplant, und der Auftraggeber bekommt diese Ergebnisse jede Woche zu sehen. Wenn man neue Ideen und Bilder erzeugen will, kann man nicht Wochen oder gar Monate vorausplanen, weil jede neue Idee den Ablauf ändern wird. Also haben wir das große Bild vor Augen, planen aber immer nur die Schritte, die wir vor uns sehen können. Wir sehen das Licht am Ende des dunklen Tunnels und folgen dem Kegel der Taschenlampe auf dem Weg dahin.

Jeder weiß, dass unsere Arbeit gasförmig ist; sie füllt jedes verfügbare Volumen aus. Wenn ich also vier Wochen Zeit habe, fokussiere ich meine Gedanken erst dann, wenn der Termin droht. Ich bringe also mindestens zwei Wochen damit zu, dem Problem aus dem Weg zu gehen. Zwar kann es nützlich sein, ein Projekt gedanklich mit sich zu tragen, während man an etwas anderem arbeitet, aber man könnte genauso gut den Druck aufbauen, ohne den wir nie etwas erreichen. Denken geht in Lichtgeschwindigkeit und muss nicht warten, bis langwierige Recherchen den Spaß und die Spontaneität aus der Sache genommen haben. Die guten Lösungen entstehen immer ganz schnell, allerdings auch nur auf der Basis von Wissen. Das wiederum muss nicht in einer Person residieren, sondern die Sammlung von Wissen zu einem Projekt lässt sich delegieren. Wenn dann alle Personen zusammenkommen, die bei einem Projekt verschiedene Aufgaben übernommen haben, entstehen Lösungen sehr schnell, denen es nicht an Tiefe mangelt, weil schon so viel Geist und Energie im Prozess steckt. Was im Umkehrschluss heißt, dass diese Methode – wie immer wir sie nennen – nur im Team funktioniert, weil aus mehreren Köpfen mehr entsteht als die Summe der Teile. Tiefe des Denkens und die Zeit, die dafür aufgebracht werden muss, haben demnach nicht unbedingt miteinander zu tun. Dieses Junktim gilt nicht für das Handwerk, wo

Eine Ihrer Arbeitshypthesen zu Arbeit lautet: Wir können heute Projekte zugleich »schnell und tief« umsetzen. Was meinen Sie damit, und wo ist die Verbindung zu Design Thinking?

manche Tätigkeiten einfach nicht zu beschleunigen sind ohne Gefahr für die Qualität des Ergebnisses.

Eigentlich lustig: Ingenieure und Innovationsberater entwickeln in Stanford eine Innovationsmethode, bei der sie sich vieles von klassischen Designern abschauen. Und nun nutzen auch immer mehr Designer die Methode. Ist das auch Ihre Wahrnehmung?

Ja.

Die Promoter von Design Thinking betonen oft seinen wissenschaftlichen Charakter. Warum braucht Kreativität die methodische Zwangsjacke der Wissenschaft?

Wir müssen die Ergebnisse unserer Arbeit verkaufen, sie also auch betriebswirtschaftlich nachvollziehbar und begründbar machen. Da die meisten Auftraggeber nicht in Bildern denken, brauchen sie Begründungen, die ihnen ihre emotionale Reaktion erklären. Kaum ein Kaufmann oder Ingenieur würde zugeben, dass ihm eine Lösung einfach gut gefällt. Er muss in Zahlen und Tabellen sehen, was unsereins einfach nur richtig findet.

Ist Design Thinking nur ein Hype? Oder haben wir es mit einer echten Innovationsmanagement-Innovation zu tun, die eine Weile bleiben und auf der anderes aufbauen wird?

Die Fähigkeit, komplexe Systeme und Vorgänge zu visualisieren und damit zu kommunizieren, prädestiniert uns Designer schon immer als Übersetzer zwischen der konstruierten Welt und dem gefühlsgesteuerten Menschen. Wir sind evolutionstechnisch immer noch Jäger und Sammler. Design Thinking ist viel älter als der Hype darum. Nur der Name ist neu.

Dr. Michael Meyer, VP Clinical Products Siemens

Sagen wir so: Ich war nicht überzeugt davon, dass Design Thinking für unsere konkrete Fragestellung passen würde.

Es war im Rahmen der Frage, wie wir uns mit Kunden in anderer Form austauschen können. Also raus aus dem reinen Käufer-Verkauf-Modus hin zu einem partnerschaftlichen Erarbeiten von Lösungen, die dann von uns entwickelt und bei unseren Kunden eingesetzt werden können.

Genau.

Überzeugt hat uns die Möglichkeit, in einem ungewohnten, kreativen, aber zugleich sehr strukturierten Modus mit Kunden zu arbeiten. Und dies mit Kunden auf Vorstandsebene, mit denen wir normalerweise in einer sehr sachlichen, nüchternen Atmosphäre diskutieren.

Ja, es hat »Klick« gemacht, nachdem wir am HPI in Potsdam unter Anleitung einen Selbstversuch in Design Thinking unternommen haben. Nach diesem Probetag waren wir sicher: Das ergibt für uns Sinn.

Die wissenschaftliche Unterlegung und das strukturierte Vorgehen. Wenn man die Methode nicht kennt, könnte man schnell den Verdacht haben: Hier laufen esoterische, unstrukturierte, zufällige Prozesse ab. Wir haben festgestellt, hier ist nichts zufällig, sondern man arbeitet konsequent auf einen Punkt hin. Nur die Art und Weise, wie man diesen Weg geht, der ist eben unüblich.

Ideation 4:
Ergebnis

Herr Meyer, man hört, Sie seien ursprünglich kein großer Freund von Design Thinking gewesen. Stimmt das?

In welchem Kontext war das? In der Produktentwicklung? In der Prozessentwicklung?

Dass dies geschieht, war Konsens. Nur wie es geschieht, noch nicht...

Was hat Sie denn schließlich an Design Thinking überzeugt? Es gibt ja noch eine ganze Reihe anderer systematischer Innovationsmethoden.

Gab es so etwas wie den Moment, in dem es »Klick« gemacht hat? Das beschreiben ja ganz viele, die die Methode für sich entdeckt haben.

Was war da der auslösende Moment?

Siemens ist traditionell ein hoch-innovatives Groß-Unternehmen. Zumindest was klassische Kennziffern von Innovation angeht. Warum brauchen Sie das?

Wir glauben, dass man immer noch besser werden kann. Sie können sich nicht ausruhen. Insbesondere in dem Markt für Medizintechnik, in dem wir Design Thinking jetzt verprobt haben, haben wir so massive Veränderungen, gerade hier in Mitteleuropa, dass wir erkannt haben: Mit den üblichen Mechanismen und Vorgehensweisen können wir kein weiteres Wachstum generieren.

Sie haben an anderer Stelle drastischer gesagt, sie brauchen die Methode, um überhaupt das bestehende Geschäft zu sichern.

Es ist beides: sichern und ausbauen.

Sie befinden sich ja eher am Anfang eines Entdeckungsprozesses mit Design Thinking. Hat sich bereits jetzt eine Haltung verändert? Innerhalb der Teams, die diese Methode nutzen?

Es hat sich auf drei Seiten eine Haltung verändert. Wir sind auf der Leitungsebene offener geworden. Auch ich. Zum Zweiten verstehen unsere Kunden uns tatsächlich als innovativen, nach Partnerschaften suchenden Anbieter. Das Dritte, wieder intern, betrifft unsere Mitarbeiter. Sie haben verstanden, dass wir keinen Hokuspokus veranstalten wollen und jetzt gerade die nächste Sau durchs Dorf treiben, weil Design Thinking gerade trendig ist. Sondern dass wir hier mit einer sehr nachhaltig wirkenden Arbeitsweise in die Zukunft schauen.

Eine Idee wird erst zur Innovation, wenn die finanziellen Kennziffern am Ende das auch ausdrücken. Sind Sie schon so weit? Gibt es schon Produkte, die im Markt erfolgreich sind, die Ergebnisse von Design-Thinking-Workshops sind?

Da wir nicht nach Produkten suchen in solchen Partnerschaften, sondern nach Vorgehensweisen in der Partnerschaft, kann ich die Antwort wie folgt geben: Ja, wir sehen erste Ansatzpunkte, dass wir deutlich ernster genommen werden mit dem, was wir in solchen Partnerschaften anbieten.

Man nimmt uns ab, dass uns nicht daran gelegen ist, ein bereits vorhandenes Produkt nur mit einem anderen Kleid in den Markt hineinzubringen. Sondern dass wir Design Thinking nutzen, um andere Inhalte zu finden. Es geht nicht um die Verpackung. Es geht um den Content.

Das verstehe ich, offen gesagt, nicht. Können Sie das konkretisieren?

Wir nehmen bereits heute wahr, dass die Anwendung von Design Thinking zu messbaren Ergebnissen führen kann. Nicht nur der Weg steht im Vordergrund, sondern tatsächlich auch das Ziel. Und das sind in einem Wirtschaftsunternehmen nun einmal ergebnisorientierte Größen.

Der Sales Pitch von Design Thinkern lautet: Wir arbeiten mit einer ergebnisoffenen Methode bei gleichzeitig extrem hoher Ergebnisorientierung. Ist das etwas, das Sie schon spüren?

Das kann man nicht verallgemeinern. In meiner Wahrnehmung hängt das nicht von der hierarchischen Ebene ab. Das ist völlig unabhängig davon. Der mit Abstand Begeistertste bei uns war einer unserer Board-Member. Der hat sogar an einem Workshoptag einen Flug verschoben, um dabeibleiben zu können.

Wo sind die Widerstände? Wer mag Design Thinking nicht?

Es gibt Denkwiderstände. Gute Hinweise geben Aufsätze von Bolko von Oetinger: *Wie kommt das Neue in die Welt?* Daran fühle ich mich oft erinnert. Es ist völlig normal, dass alles Neue zunächst mal beargwöhnt wird, weil es Positionierungen von Einzelnen im System verändern kann, auch in einem Unternehmen. Wenn etwas Neues reinkommt und sich meine Position möglicherweise im Gesamtsystem ändert, dann schaue ich lieber zweimal hin, ob ich das will oder nicht. Ob das ein Widerstand ist, das weiß ich nicht. Es ist eine gesunde Skepsis.

Aber es gibt doch sicherlich auch bei Ihnen Widerstände. Oder nicht?

Die aus meiner Sicht völlig offene Herangehensweise, die Freiheit von Paradigmen. Das äußert sich übrigens auch darin, dass Design Thinking auch Elemente anderer Schulen und Methoden mit aufnimmt. Wir kennen das

Stichwort gesunde Skepsis: Was ist an Design Thinking neu, außer dem Label?

doch: Wenn es eine neue Managementschule gibt oder ein neuer Beratungsansatz hochgejubelt wird, dann sind alle alten Ansätze und Methoden auf einmal nicht mehr gesellschaftsfähig. Hier ist es anders. Bei Design Thinking haben Sie zusätzliche Elemente: Eine neue Strukturierung, Offenheit, out of the box, anders herangehen an das Ganze, aber man ist sich nicht zu schade, auch Elemente von Bionic, Brainstorming, klassischen Präsentations- und Moderationstechniken mit aufzunehmen. Dabei vergessen wir übrigens nie, dass wir Design Thinking nicht aus Lust und Liebe machen, sondern aus wohlverstandenen wirtschaftlichen Interessen. Das hat nebenbei bemerkt nicht nur direkt etwas mit Innovationsmanagement zu tun, sondern auch mit der Attraktivität als Arbeitgeber.

Auch Siemens kämpft um Talente. Inwiefern wirkt da Design Thinking anziehend?

Jede verkrustete alte Vorgehensweise schreckt junge Talente ab. Umgekehrt vereint Design Thinking alles, was Arbeit heute attraktiv macht. Teamorientierung, offenes Arbeiten, optimistisches Herangehen, dem anderen zuhören, ohne Ideen frühzeitig zu eliminieren oder kaputtzureden. Die Jungen werden begeistert sein von so einer Technik und es wird sich an den Universitäten herumsprechen, wer sie nutzt.

Wo steht Design Thinking in fünf Jahren? Besonders in großen Unternehmen der Technologiebranchen?

Aufgrund der Leichtigkeit des Ansatzes und der schnellen Erlernbarkeit und auch der angenehmen Protagonisten in diesem Spiel glaube ich, dass es keine jener Methoden ist, die kurzzeitig populär sind und von denen morgen keiner mehr redet. Design Thinking ist kein Hype. Der Erfolg wird sich verstetigen.

Wenn wir **Design Thinking** auf allen Ebenen der **Innovation** von den **Prozessen** über **Produkt** und **Management** bis zum **Meaning** anwenden, verstetigen wir die **Veränderung** im Unternehmen und schaffen damit ein **System**, das ständig neue **Wettbewerbsvorteile** hervorbringt.

Shoppingliste

Die Grundausstattung für Design-Thinking-Einsteiger
3 Tische (beschreibbar),
4 Hocker (Stehhilfen),
Musikanlage (samt Musikauswahl),
Metaplanwand, Whiteboard
(oder beschreibbare Wand),
Flipchart, Materialschrank / Beistelltisch.

Standardmaterial am Tisch:
Whiteboard-Marker,
Wischlappen,
dicke und dünne Filzstifte,
Post-its (verschiedene Farben
und Größen), beschreibbare
Klebestreifen/Klebebandpapier
(in verschiedenen Farben
und Stärken),
runde/ovale/quadratische
Moderationskarten, Schere,
Tesafilm, Klebstift, Pinnadeln,
Magnete, Bleistifte, Lineal.

Standard-Prototyping-Material:
Knetmasse, Legosteine und
Legofiguren, Stoffe, Schnüre,
Karton, Bastelpapier (farbig),
weitere absurde Gegenstände
(Pfeifenreiniger, Matchboxautos,
Styroporkugeln ...),
Zeitschriften mit Bildmaterial,
Verkleidungsutensilien,
Schere, Tesafilm, Klebestift,
Tacker, Stifte.

Zur Methodenunterstützung:
Stoppuhr, Bewertungspunkte,
rote/gelbe Karte,
assoziative Bilder,
Warm-ups (App oder Karten),
Tischtennisschläger und Ball,
Handy-Box zum Einsammeln
der Handys, Fotoapparat für
Dokumentation.

Für das Plenum:
Sitzwürfel,
Beamer,
Gong.

Anmerkungen

1 Die Formulierung stammt von dem Design- und Marketingvordenker und Berater Marty Neumeier. Vgl. The Designful Company, S. 15 in: Lockwood, Thomas: Design Thinking. Integrating Innovation, Customer Experience, and Brand Value. Allworth Press, 2010.

2 Unerreicht der Klassiker: Sprenger, Reinhardt K.: Mythos Motivation. Wege aus einer Sackgasse. Campus, 2002. (17. Auflage)

3 Vasek, Thomas: Die Weichmacher. Das süße Gift der Harmoniekultur. Hanser, 2011.

4 Das Moderationskonzept »hosting and harvesting« gehört nicht zum engeren Methodenset von Design Thinking, wie es beispielsweise an den d.schools in Stanford und Potsdam, an der Rotman-School of Business in Toronto oder an der Insead gelehrt wird. Es ist in den letzten zehn Jahren von einer Reihe von Aktivisten und Change-Managern im Non-Profit-Bereich erarbeitet und im Umfeld der University of Minnesota weiterentwickelt worden. Auf der Plattform Theartofhosting.org hat das Konzept eine Heimat im Netz gefunden. In unserer Wahrnehmung liefert es sehr wertvolle Hinweise, wie wir Design-Thinking-Sitzungen gewinnbringend leiten können.

5 Einen guten theoretischen Überbau zu diesem Gedanken bietet: Revue für postheroisches Management, Heft 8: Design Thinking. Carl Auer Verlag, April 2011. Die Herausforderungen partizipativer Führung aus Sicht von Spitzenführungskräften beschreibt eindrucksvoll die Studie: Leipprand, Tobias et. al. »Jeder für sich und keiner fürs Ganze? Warum wir ein neues Führungsverständnis in Politik, Wirtschaft, Wissenschaft und Gesellschaft brauchen.« stiftung neue verantwortung, WZB, Egon Zehnder International. April, 2012.

6 Siehe zum Beispiel: Drucker, Peter: The Age of Discontinuity: Guidelines to Our Changing Society. Harper & Row, 1969.

7 Heifetz, Ronald; Lipsky, Martin: Leadership on the Line: Staying Alive through the Dangers of Leading. Harvard Business School Press, 2002.

8 Wie man ein Design-Thinking-Labor perfekt einrichtet, beschreiben wunderbar: Doorley, Scott, Witthoft, Scott: Make Space: How to Set the Stage for Creative Collaboration. Wiley. 2012.

9 Lockwood, Thomas: Design Thinking. Integrating Innovation, Customer Experience, and Brand Value. Allworth Press, 2010.

10 Vgl. Plattner, Hasso; Meinel, Christoph; Weinberg, Ulrich: Design Thinking. Innovation lernen – Ideenwelt öffnen. mi-Wirtschaftsbuch, 2009. S. 129.

11 Roam, Dan: The Back of the Napkin (Expanded Edition): Solving Problems and Selling Ideas with Pictures. Portfolio, 2009. S. 4.

12 Kelley, Tom: The Ten Faces of Innovation. Strategies for Heighting Creativity. Currency Books, 2006. S. 2.

13 Mihály Csíkszentmihályi: Das Flow-Erlebnis. Jenseits von Angst und Langeweile im Tun aufgehen. 8., unv. Aufl. (Orig.: Beyond Boredom and Anxiety. The Experience of Play in Work and Games, 1975), Klett, Stuttgart 2000.

14 Teece, David J.: Dynamic Capabilitiesand Strategic Management: Organizing for Innovation and Growth. Oxford University Press, 2009.

15 »Rede nicht, zeig's mir!«, Interview mit Larry Leifer in: Zeitschrift Organisationsentwicklung, Nr. 2/2012, S. 13.

16 Simon, Herbert: The Sciences of the Artificial. MIT Press, 1969. Eine gute Zusammenfassung hierzu bietet auch der englische Wikipedia-Eintrag zu Design Thinking: http://en.wikipedia.org/wiki/Design_thinking

17 Vgl. Plattner; Meinel; Weinberg: 2009. S. 113 ff.

18 Das »Double-Diamond«-Konzept wurde vom britischen Design Council 2005 entwickelt. Es wird umfassend und gut erklärt auf: http://www.designcouncil.org.uk/designprocess

19 Pink, Daniel H.: A Whole New Mind. Why Right-Brainers Will Rule the Future. Riverhead Books, 2005. S. 13ff.

20 De Bono, Edward: The Use of Lateral Thinking. Pelican, 1968.

21 Dies ist nicht humorig gemeint: Es ist wissenschaftlich umstritten, wann es unseren Vorfahren gelang, Feuer gezielt für sich zu nutzen. Die Zahlen schwanken zwischen 400.000 und eine Million Jahre vor Christus. Gesichert ist: Mit dem abendlichen Lagerfeuer entstand ein Ort, an dem Kommunikation und Narration eine neue Qualität entwickeln konnten. Einen bildhaften Einblick hierzu gibt die Ausstellung (und der virtuelle Rundgang) des prähistorischen Museums von Quinson in Südfrankreich: http://www.museeprehistoire.com

22 Brown, Tim: Change by Design. How Design Thinking Transforms Organizations and Inspires Innovation. Harper Business, 2009. S. 94.

23 Vgl. ebd. S. 90.

24 Vgl. Friebe, Holm; Ramge, Thomas: Marke Eigenbau. Der Aufstand der Massen gegen die Massenproduktion. Campus, 2008.

25 Goodman, Linda; Helin, Michelle: Why Customers Really Buy: Uncovering the Emotional Triggers that Drive Sales. Career Press, 2009. S. 12.

26 Die Szene findet sich auf Youtube leicht mit den Suchbegriffen: Don Draper and Kodak Carousel.

27 von Oetinger, Bolko; Pierer, Heinrich: Wie kommt das neue in die Welt? Hanser, 1997.

28 Vgl. New York Times, 26. Mai 1997: »Seeing the Earth With Fresh Eye«

29 Plattner (2009): S. 118.

30 Kelley (2006): S. 16 ff.

31 Ebd., S. 19.

32 Joanne Passaro: »You Can't Take the Subway to the Field! : *Village* Epistemologies in the Global Village«. In: Akhil Gupta, James Ferguson: Anthropological Locations. Boundaries and Grounds of a Field Science. University of California Press, Berkeley 1997, S. 147 u. 162.

33 Vlg. Girtler, Roland: »Die zehn Gebote der Feldforschung« des Forums Qualitative Sozialforschung (FQS) www.qualitative-forschung.de/fqs-supplement/members/Girtler/girtler-10Geb-d.html

34 Vgl. Liedtka, Jeanne; Ogilvie, Tim: Designing for Growth: A Design Thinking Toolkit for Managers. Columbia Business School Publishing. 2011, S. 62.

35 Vgl. Bloching, Björn; Luck, Lars; Ramge, Thomas: Data Unser – Wie Kundendaten die Wirtschaft revolutionieren. Redline, 2012. S. 55 ff.

36 Hubbard, Douglas, W.: How to Measure Anything: Finding the Value of Intangibles in Business. Wiley, 2010.

37 Vgl. Brand Eins, 3/2011: »Ich finde es okay!«

38 Vgl. Tapscott, Don; Williams, Anthony D.: Wikinomics: How Mass Collaboration Changes Everything. B&T, New York 2006

39 Zu Design Thinking bei der Deutschen Bank siehe auch das Interview mit Katharina Berger auf S. 199.

40 Brown, Tim: »Design Thinking«. Harvard Business Review, Juni 2008. Kostenlos abrufbar unter www.hbr.org, reprint R0806E.

41 http://www.youtube.com/watch?v=soYKFWqVVzg

42 Siehe auch Interview mit Andreas Erbe S. 193.

43 Hamel, Gary S.; Breen, Bill: Das Ende des Managements – Unternehmensführung im 21. Jahrhundert. Econ, 2008. S. 8.

44 Ebd., S. 20.

45 Faltin, Günter: Kopf schlägt Kapital – Die ganz andere Art, ein Unternehmen zu gründen. Hanser, 2008.

46 Mark W. Johnson: Seizing the White Space Business Model Innovation for Growth and Renewal. Harvard Business Press, 2010.

47 Osterwalder, Alexander; Pigneur, Yves: Business Model Generation. John Wiley & Sons, 2010.

48 Einen guten Einstieg in das Thema geben Porter 1980 sowie Hamel Prahlad 1990. Vgl. M. E. Porter: Competitive Strategy. Techniques for Analyzing Industries and Competitors, Free Press, New York 1980. C. K. Prahalad, G. S. Hamel: »The Core Competence of the Corporation«. In: Harvard Business Review, May June 1990.

49 Verganti, Robert: Design Driven Innovation: Changing the Rules of Competition by Radically Innovating What Things Mean. Harvard Business Press, 2009. S. 4 ff.

50 Erickson, Tammy: »Meaning is the New Money«. Harvard Business Review Blog, 23. März 2011. www.blogs.hbr.org/erickson.

51 Gassmann, Oliver; Friesike, Sascha: 33 Erfolgsprinzipien der Innovation. Hanser, 2012. S. 4.

52 Martin, Roger: The Design of Business Why Design Thinking is the Next Competitive Advantage. Harvard Business Press. 2009. S. 42 f.

53 Hamel, Gary S.: What matters now. How to Win in a World of Relentless Change, Ferocious Competition, and Unstoppable Innovation. John Wiley & Sons. S. 63.

54 Vgl. Liedtka, Jeanne; Ogilvie, Tim: a. a. O., S. 5.

55 Martin, Roger, ebd. S. 25.

56 Martin, Roger: ebd. S. 6.

57 Siehe auch Interview mit Michael Meyer S. 207.

Stichwortverzeichnis

Dank

Dieses Buch ist ein Produkt kollektiver Kreativität.
Ich möchte mich bei meinem ganzen Team bedanken.
Bei allen Kolleginnen und Kollegen der E&E AG, die das
Projekt unterstützt (und auch ausgehalten) haben.
Herauszuheben ist Christian Völkl. Christian ist derjenige,
der mich auf Design Thinking aufmerksam gemacht und
mich zur Teilnahme an einer Design-Thinking-Konferenz
bewegt hat. Die Diskussion und Reflexion der langjähri-
gen gemeinsamen Beratungserfahrungen hat Erkenntnis
befördert und geschärft. Mein Dank richtet sich außerdem
an Angela Haas und Ellen Blümm, die das Hosting und
Harvesting bei den Workshops zu diesem Buch übernommen und wichtige inhaltliche Impulse eingebracht haben.

Wir danken allen Kunden der E&E und der *partake*,
die es uns ermöglicht haben, Neues auszuprobieren und
praktische Erfahrungen zu sammeln.

Wir danken Katharina Berger von der Deutschen Bank,
Dr. Michael Meyer von Siemens und Andreas Erbe von
Swisscom/Launchlabs für die wertvollen Iterationen
per Interview.

Wir danken Erik Spiekermann, dass er unseren Gedanken
in diesem wunderbaren Layout Gestalt gegeben hat.

Wir danken Holm Friebe dafür, dass er bei der
Titelfindung (mal wieder) durch die Decke dachte.